让你年轻十岁的
蔬果酵素

孙晶丹　主编

中国纺织出版社

本书的使用方法

二维码
扫一扫
看制作视频

酵素汁成品
发酵完成后的
酵素汁示例

酵素功效
酵素食材的养生保健
功效及酵素汁的作用

酵素汁甜品
利用发酵成功的酵素
汁制作的美味甜品

红苋菜酵素

红苋菜的维生素C含量高居绿色蔬菜第一位，并富含钙、磷、铁等营养物质，而且不含草酸，不会影响钙、铁进入人体以后的吸收。

牛奶中加入红苋菜酵素汁能净化血液，提高消化吸收能力，促进细胞新陈代谢，有助于排出宿便和毒素。

a 酵素汁做法

材料（2升瓶）
红苋菜……250克
绵白糖……250克

做法
1.红苋菜在流水下冲洗干净，甩干水分，充分晾干。
2.取消毒并晾干的玻璃瓶，铺放上一层绵白糖。
3.放入部分红苋菜，再放入一层绵白糖，用手抓匀。
4.依上面的步骤处理好所有红苋菜。
5.铺上剩下的绵白糖，压平，盖上瓶盖即可。

b 伊丽莎白奶汁

材料（1~2人份）
红苋菜酵素汁……20毫升
牛奶…………150毫升
白砂糖…………20克

做法
1.将备好的牛奶放入碗中。
2.取一个干净的碗，倒入红苋菜酵素汁、牛奶、白砂糖，调匀。
3.另取一瓶，倒入调好的汁，拌匀，饮用即可。

86

酵素汁甜品做法
利用该食材的酵素汁制作
美味甜品的详细步骤

酵素汁做法
用新鲜食材和白砂糖制作
出酵素汁的详细步骤

序言　学会做酵素，开启健康新生活

近些年，随着社会的变化，人们的生活节奏日益加快，也渐渐出现了很多健康问题。虽然也有不少人致力于挖掘祖国医学宝库，传播养生知识，但我们仍不得不反思——以往的养生方式是否完全适合这个从未有过的忙碌的年代呢？

很奇怪的是，现代人虽然生活忙碌，但很多疾病却是由于缺乏运动、身体失去整体的协调性所导致的。生活节奏越来越快，人体的新陈代谢速度却越来越慢。代谢缓慢是万病之源，比如血液循环不畅会引发颈肩疼痛，所谓“不通则痛”，气血均不畅则会引发肥胖、痛经、体虚怕冷、免疫力低下等诸多问题。不论是倡导食疗还是回归健康的生活方式，其根本目的都是希望促进人体的基本新陈代谢速度，从而使各种生命活动健康、有序地进行，气血畅通，毒素自然排出，健康才能有保障。

科学研究表明，人体的新陈代谢速度在很大程度上取决于“酵素”，也就是“酶”。酵素是生物反应不可或缺的催化剂，人体的各项基本功能，小到呼吸、消化、排泄，大到复杂的身体运动以及大脑活动，如果没有酵素的参与，全都无法顺利进行。人体自身具有合成酵素的能力，但是，不健康的生活方式、饮食结构的不合理、疾病、衰老等因素都会导致体内酵素水平下降，从而引发一系列的健康问题。所以，补充酵素是全面提升健康的最佳方式。

随着酵素在国外的流行，通过饮用酵素汁成功实现了减肥、抗衰老、美容、调理慢性病的人不在少数。然而，面对市面上动则上千元一瓶的酵素饮品，很多人开始尝试在家自己做酵素，但由于缺乏科学的指导，失败率很高，这也是我们编写本书的目的。本书借鉴了日本、中国台湾的自制酵素达人的经验，并结合国内的实际情况，选择了57种最适宜制作酵素的蔬菜、水果，教您在家轻松做酵素。每一种酵素都配有视频二维码，扫一扫，即可观看制作视频，非常方便。每一种亲手做出的酵素汁，我们都推荐了一款用其制作的美味甜品或饮品，教您把酵素“吃”出花样。最后，针对现代人常见的9种不适症状，我们也推荐了用酵素美食进行调理的方法，衷心祝您越活越年轻，越活越健康！

目录 Contents

Part1 动手做酵素果汁，让健康升级

Part2 新鲜蔬果酵素，自制很简单

Part3 酵素汁甜品帮你调理不适症状

Part 1

动手做酵素果汁，让健康升级

酵素就是我们常说的“酶”，是一种高效的生物催化剂，我们即使完成最简单的生理活动，如呼吸、消化和吸收食物，都需要酵素的帮助。身体时刻在制造酵素，同时也在消耗酵素。然而随着现代社会食品健康、环境污染等问题的出现，以及人们越来越不规律的生活方式，不少人体内的酵素都处于“告急”状态，随之被毒素、早衰等“亚健康”问题缠身。“解铃还须系铃人”，补充酵素是提升健康的最佳方式之一。

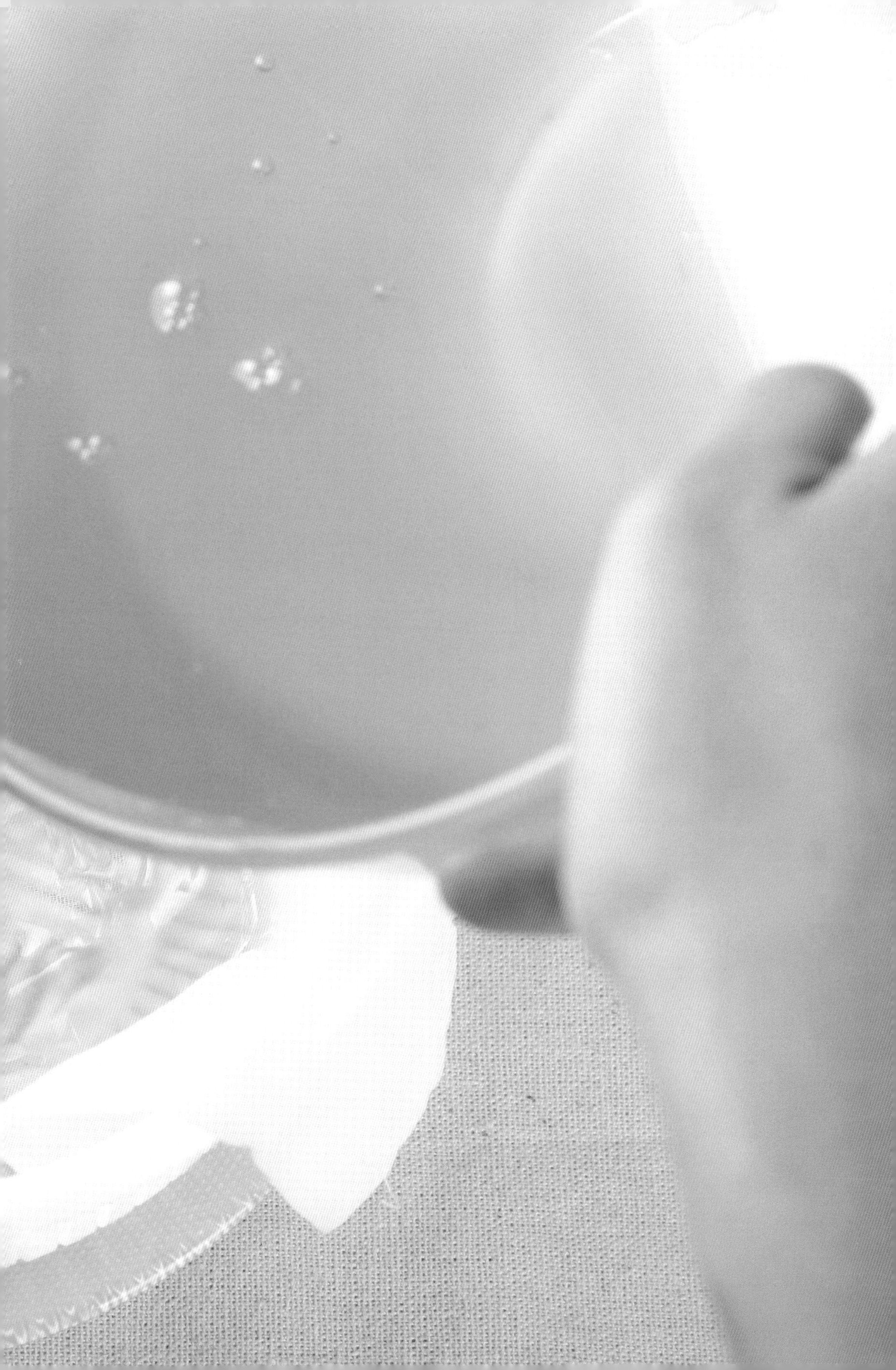

无处不在的“朋友”——酵素

人体自身会制造一定量的酵素来完成各项生命活动，同时，酵素还广泛存在于各种食物，尤其是新鲜的蔬菜、水果中。为什么酵素是对人体有益的物质呢？酵素如何能让身体由内而外地健康而外美丽？在亲自动手制作酵素汁之前，首先来了解一下酵素吧！

始于美国的酵素热潮

1985年，美国医学博士艾德华·豪威尔出版了《酵素营养学》一书，书中首次提出了食物酵素对于人体的重要意义，并揭示了酵素与疾病的关系，她认为，“酵素不足是健康的第一大杀手”。

酵素可分为身体自身合成的“体内酵素”以及食物中所含的“食物酵素”两种。体内酵素中最主要的是消化食物所需的“消化酵素”以及维持正常身体功能的“代谢酵素”。

消化酵素包括唾液中所含的淀粉酶（淀粉酵素），以及胃酸中所含的蛋白酶（蛋白酵素）等。这些消化酵素可以帮助食物中的淀粉、蛋白质等营养素分解。代谢酵素的作用则是将分解自食物中的营养转化为人体所需的能量，以及修复受损的细胞、维护免疫功能、调节激素分泌等。

体内的酵素含量是有限的，过多地消耗就会因酵素不足而引发疾病。《酵素营养学》中称，体内酵素可以通过食物酵素来进行补充。

新鲜水果和蔬菜、发酵食品是食物酵素的重要来源，这类食物可以补充现代人易缺乏的体内酵素。因此在美国，酵素日益受到重视健康的人们的关注。酵素不耐高温，在48~70℃时其功效就会有所下降，所以食用新鲜水果和蔬菜的风潮高涨。未加热的食物被称为天然饮食、生食，并广泛流传。

在中国，传统的发酵食品，如酱油、醋等也被认为是富含酵素的食品，有帮助消化、促进代谢等功效。

本书中所介绍的酵素汁是使用不加热的新鲜蔬菜和水果，通过发酵而达到的有效、理想的食物酵素摄取法。

酵素对人体的益处

由于进食过多、疲劳、压力、食品添加剂的过多摄入等原因，现代人很容易出现体内酵素不足的情况。因为体内只能合成一定量的酵素，一旦酵素不足，消化、吸收、代谢就会出现异常。如果出现这样的情况，多余的脂肪就会堆积起来，肠内循环紊乱，有害菌增加，水分无法代谢而导致水肿，各种各样的不适就会找上门来。

要改善这种情况，就需要通过体外补充缺少的酵素。因此，多吃富含食物酵素的新鲜蔬菜和水果、发酵食品是十分必要的。平时如果充分摄入酵素，消化和代谢就可以维持在正常水平，体内便不会滞留多余的毒素，各种由毒素引发的不适症状也会随之消失，这对于抗衰老和预防疾病大有帮助。

自己做酵素汁，其实很简单

酵素汁由新鲜的水果和蔬菜制成，维生素、矿物质等营养素未被破坏，可以充分利用原材料本身所含有的酵素。新鲜蔬果通过发酵会产生一些微生物，它们具有即使在体内也可生成酵素的功效，隐藏着比新鲜的蔬菜或水果更强的“酵素力”。

酵素汁的做法非常简单。原材料就是水果、蔬菜加上砂糖，用类似于“腌制”的方法，只要在开始5~10天，每天用手搅拌一下即可。人的手上有一些有益菌，它们也能够促进发酵哦！因为完全没有加热，酵素不会流失。而砂糖能够有效地隔绝空气，增加浓度，防止霉变，做好了只需要放在那里，每天饮用即可。虽然市场上也能买到酵素糖浆、酵素药片、浓缩酵素等，但大多数价格较高，而且其种类有限，不一定能够满足自己的实际需要。而自己在家用应季的蔬菜和水果制作酵素汁，不仅价廉物美，而且无任何添加剂，安心、安全。

开始天天排毒的“酵素生活”

现代人身体的很多不适都因为其体内堆积了过多的各种物质，如过食带来的多余脂肪、无法正常代谢出体外的水分、过多摄入的糖分、口味过重摄入的盐分，以及食品添加剂、防腐剂……数不胜数的无用物质。如能很好地将这些物质排出体外，身体状况会有很大的改观。而通过摄入酵素来增强自身的代谢能力，是最温和、最有效的方法。

一旦酵素不足，身体就像一台运转缓慢的机器，那么尝试用应季的水果和蔬菜制作酵素汁吧！发酵2周左右，你的“酵素生活”就开始了。坚持每天摄入适量的酵素汁，必然会感觉到身体开始变轻松、精神饱满，排便会通畅、皮肤也会变好，长期坚持更有抗衰老的功效，生病的概率逐渐变小。

酵素汁的制作和饮用要领

酵素的魅力是让我们变得更健康，学习酵素汁的制作也因此充满了期待和乐趣。酵素汁的做法虽然简单，但也有一些要领，掌握了这些“小秘诀”，能有效提高自制酵素汁的质量哦！

制作要领<<

1 尽量使用应季的原材料

这一点很重要。应季的水果和蔬菜不仅美味，而且植物本身所含的营养素极为丰富，最适合当季的人体需要，而且价格还便宜。因此务必不要错过新鲜果蔬的旺季，比如3月是草莓成熟的季节，就不妨买些刚上市的草莓回来制作草莓酵素汁。

2 灵活选用一种食材或多种食材搭配

蔬果酵素汁有两种做法，一是用1种蔬菜或水果制作，二是用2种以上的蔬果混合制作。用1种原材料制作的酵素能充分展现原材料本身的色、味。可与其他单一品种的酵素汁搭配饮用，或与果汁、甜品等混合饮用。混合类型的酵素汁，如果搭配恰当，不仅能获得更优的风味，还可获得原材料间相辅相成的功效。

3 经常观察发酵变化

因酵素汁的制作原理是通过发酵来提高酵素的功效，所以必须每天搅拌，以促进其发酵。观察其发酵变化也是很重要的。原材料的成熟方式、气温等各种因素都会影响发酵的速度和效果。比如发现存放的温度不合适，就需要及时转移存放环境。在制作过程中不断积累经验，有助于将来做出口感更佳、功效更多的酵素汁哦！

饮用要领<<

1 坚持每天60毫升的基准

我们的身体每时每刻都在消耗酵素。所以正确补充酵素的方法，并不是一次性大量地摄取，而是每天适量地摄取，并且尽量不间断。基本标准是一天60毫升酵素汁。制作酵素汁时添加的砂糖在发酵过程中已经被分解，因此不会像砂糖一样导致发胖，但仍有一定的热量，这也是酵素汁必须适量摄取的原因之一。

2 用水冲调是最简单的饮用方法

用水或苏打水冲调是酵素汁最简单的饮用方法。基本比例是2~4大匙（约15毫升）的酵素汁可以加入150毫升的水来冲调。无论哪一种酵素汁都可这样美味地饮用。在保证每天正常摄入量的前提下，依自己的口味调配浓度也是可以的，可以慢慢尝试调出最适合自己的浓度。此外，酵素汁还可以作为点心或凉菜的“调味剂”，其自然的甜香会充分释放出来。

3 欣赏自制酵素汁的色彩

选用天然食材，经过自然发酵形成的酵素汁，其亮丽的颜色并非人工添加的色彩可比，因此，为了充分享受自己的“劳动成果”，不要忘了欣赏一下酵素汁迷人的色泽哦！带着愉悦的心情，更有助于长期坚持饮用。也可以用酵素汁做成果冻或冰激凌，享受其似浓似淡的色调。

4 依症状饮用不同的酵素汁

基本上无论哪种酵素汁都具有酵素的基本功能。但如果同时考虑到蔬菜和水果这些原材料所含有的特殊营养素，则能获得更好的保健效果。如西红柿中含有的番茄红素、紫葡萄中含有的花青素、柠檬中含有的维生素C等。尤其是在两种以上的酵素汁搭配时，利用营养素的相互作用可获得更佳的保健效果。可结合自身的症状或者想获得的功效来选择，以便有效地饮用酵素汁。

5 制成的酵素汁需冷藏保存

已经发酵好的酵素汁应倒入用开水消过毒的密封瓶中，放入冰箱冷藏，并注意在装瓶和取用的过程中尽量避免混入细菌，这样可以保存1年以上，但味道会随时间而改变，有时会产生酒的气味，所以建议2~3月之内喝完。切记时常观察一下酵素汁的状态，看一下是否浑浊，如味道有所改变，请确认是否变质。

酵素汁做法详解

制作酵素汁的材料是水果、蔬菜和砂糖。关于原材料和砂糖的比例有各种说法。本书采用操作简单、不易变质、成品美味的“黄金比例”，即1∶1的比例。这种方法无需繁琐的计算，只要记住基本的制作顺序就可以应用自如，自由地享受用应季的水果和蔬菜制作出各种酵素汁的乐趣。

下面就以任何季节都能买到的、最常吃的苹果为例，介绍酵素汁的具体制作方法。

第1天 准备材料和装罐

需准备的工具：

玻璃瓶、刀、切菜板、食物秤、百洁布

Point 小贴士

酿造酵素汁的容器需要满足两个条件：一是能看到发酵过程，二是手可以伸进去以便每天搅拌。因此广口玻璃瓶是最佳的选择。但应避免选择装过果酒等发酵食品的瓶子，因为可能会有酵母残留于瓶中，这会导致酵素汁变质。至于瓶子的大小，如果材料太多会难以搅拌，所以最好将原材料控制在瓶容量的2/3以下。切记玻璃瓶使用前必须用开水彻底地消毒并晾干水分。

材料：

苹果………1000克

砂糖（绵白糖）………1000克

★砂糖的量应与水果或蔬菜的净重相等。

★通过发酵，砂糖将被分解为葡萄糖和果糖，所以不会影响身体对钙的吸收，也不会导致血糖值上升。

<准备步骤>

1. 手的清洁

如用香皂或洗手液洗手，手上的那些有助于发酵的有益菌群就会被洗掉，所以只需用清水仔细冲洗干净即可。

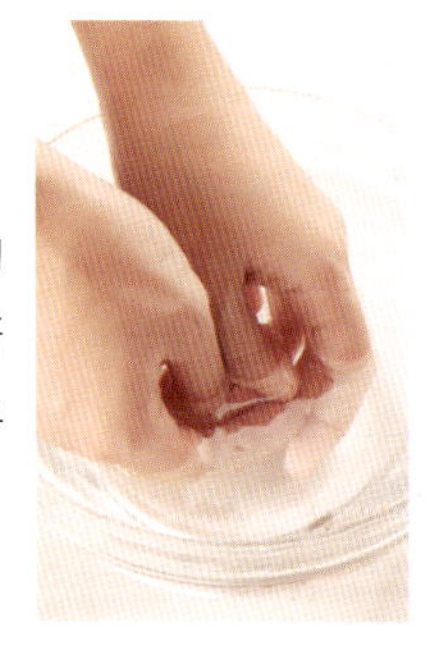

2. 用开水消毒酵素瓶

酵素瓶即保存已经发酵好的酵素汁所用的密封玻璃瓶。如果酵素瓶比较小，可放在锅中煮沸以消毒。如果是大酵素瓶，可将开水倒入其中直至水溢出来，稍凉后再将水倒出即可。

＜制作步骤＞

1.用水洗净苹果，可以用百洁布边摩擦边冲洗，苹果表面的蜡或污物都可彻底洗去。

2.将苹果切为4~6等份，再连同果皮、果核一起切成5~7毫米的厚片。

3.称取1000克切好的苹果片，同时准备与此等量的砂糖。

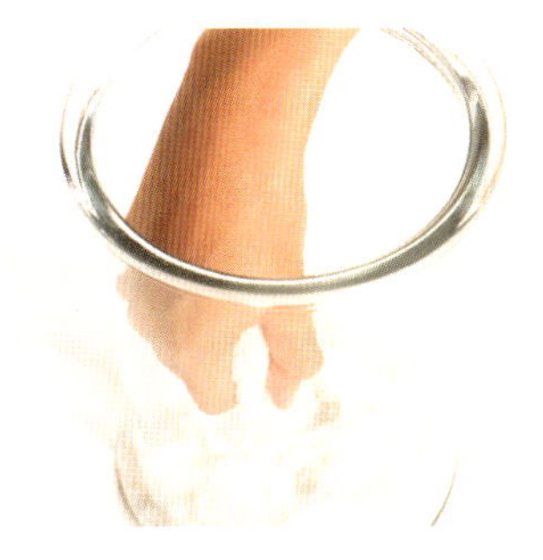

4.称取出200克砂糖，均匀地铺于瓶底。

5.取500克苹果片均匀地放在铺好的砂糖上，然后在苹果的上面均匀地撒上300克砂糖。

6.在砂糖上再均匀地铺上剩下的苹果片，在苹果上铺上300克砂糖，用手上下搅拌，让苹果和砂糖充分融合。

7.用剩下的200克砂糖覆盖住所有食材。

8.轻轻盖好盖子，放于避光通风处。注意不要将盖子盖得太紧，因为发酵会产生气体，有可能导致盖子崩飞，或瓶子裂开。还应注意不要放在酒、醋、酱、酱油等发酵食品的附近，以免受到微生物的影响。

第2天 每天用手搅拌1~2次

从装罐的第2天开始，每天早、晚用手将食材搅拌2次，如时间不允许，至少也要保证每天搅拌1次。与制作时一样，不要用香皂或洗手液洗手，用清水洗净即可。依季节及食材的不同，完成发酵所需的时间也会不同，大概需5~10天，冬季可能需2周。

Point 小贴士

如果手上有伤口，伤口处的细菌很容易混入酵素汁中，所以需用没有伤的那只手来进行搅拌。气温较低的季节发酵会较慢。所以冬季时可以用浴巾或毯子包裹住整个瓶子进行保温，以保证发酵的速度。

<发酵的过程>

腌渍后2~3天

瓶底尚有未熔化的砂糖，所以搅拌时应一边向上捞砂糖一边搅拌。

腌渍后 4~5天

苹果里的水分渐渐渗出来，果皮里的色素开始给砂糖上色。当有小泡泡冒出时，说明已开始发酵了。

第5~10天 过滤出酵素汁

如果表面漂浮着许多小小的泡泡，就说明发酵已经完成了。这时，苹果因其中的水分全部析出而变得皱巴巴的。

<过滤方法>

需准备的工具：
笊篱、广口容器、小盆、细纱布、酵素瓶

1.将广口容器放于笊篱下，将发酵好的原材料连同酵素汁一起倒入笊篱中，以分离酵素汁和原材料（酵素果肉）。第一次过滤出的酵素汁仍含有一定的细小果肉，如果静置一晚再进行第二次过滤，更容易充分过滤掉果肉。

Point 小贴士

进行第二次过滤，可有效抑制酵素汁继续发酵。

2.用纱布再次过滤第一次过滤出的酵素汁。把笊篱放于盆中，上面铺上细纱布，倒入第一步过滤后的酵素汁，慢慢地提起细纱布。将过滤出的酵素汁倒入用热水消过毒的酵素瓶中。

Point 小贴士

发酵完成后，继续放置几天就会散发出酒的味道，因此不宜放置太久。冬季会有不出泡泡的情况，但只要每天坚持搅拌，到第14天时，即使没有泡泡，也可以认为发酵完成了。

<保存方法>

过滤后，发酵还会慢慢进行，仍会有气体产生，所以酵素瓶的盖子也不宜盖紧，或者不用盖子，用保鲜膜包住瓶口后套上橡皮筋，并戳一个小洞。将酵素瓶冷藏保存可防止其过度发酵。酵素果肉中也含有丰富的酵素，可以很好地利用，将其放入密封容器或密封食品袋中，放入冷藏室保存即可。

Point 小贴士

酵素汁在冷藏室可以保存1年左右，但2~3个月后其味道就会消失，最好适量制作。酵素果肉也会继续发酵，因此同样需要在2~3个月内食用完。

Part 2

新鲜蔬果酵素，自制很简单

想要保持健康与美丽，除了每天广泛摄入新鲜、优质的食材，坚持补充酵素也是“事半功倍”的好办法。自制酵素的有效成分全部来自天然食材，经过发酵而变成安全、有效的营养补充剂，对全身都具有良好的调理和保健作用。想要自己制作酵素，其实非常简单，只需要一些新鲜蔬果、一个大玻璃罐、一些砂糖，就可以轻松开始啦！当你开始享受亲手配制的健康饮品时，说不定会渐渐爱上这种天然、优质的健康生活。

扫一扫
看制作视频

Strawberry

草莓酵素

草莓富含膳食纤维、维生素C、胡萝卜素等营养物质，被誉为“水果皇后”，对于美白肌肤、延缓衰老具有极佳的作用。

酵素汁做法

材料（2升瓶）

草莓……250克

绵白糖……250克

做法

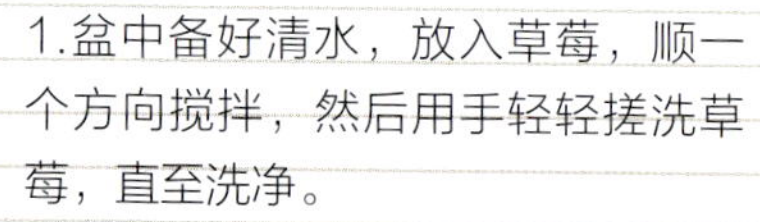

1.盆中备好清水，放入草莓，顺一个方向搅拌，然后用手轻轻搓洗草莓，直至洗净。

2.将搓洗干净的草莓装入盘中，自然晾干。

3.手洗净擦干，将晾干的草莓去蒂，对半切开，装盘。

4.备好高温消毒并晾干的玻璃罐，瓶底倒入一层绵白糖，铺平。

5.放入所有切好的草莓，铺平。

6.再均匀铺上一层绵白糖，压平。

7.盖上瓶盖，将瓶子放置于避光通风处即可。

草莓酵素汁牛奶

牛奶富含钙，是非常好的补钙饮品。将牛奶添加酵素汁打泡饮用，既能补钙，又可以润肠排毒，其酸甜的口感别有一番风味。

材料（1~2人份）

草莓酵素汁……20毫升
全脂牛奶……100毫升
奶油……15克
草莓……1个

工具

电动打蛋器……1个

做法

1.将备好的草莓清洗干净，对切，备用。
2.取备好的全脂牛奶、奶油倒入一个稍大一些的杯子里。
3.取备好的电动打蛋器，清洗干净，晾干水分，放入盛有牛奶的杯子里，将牛奶打至起泡。
4.取一个干净的杯子，倒入草莓酵素汁，再倒入打发好的牛奶，最后放上半粒草莓点缀即成。

Point 小贴士

★如果是烘焙爱好者，可以考虑购买专业的电动打蛋器，使用起来很方便。如果并不常用，可以购买小型的电动打蛋器，跟筷子差不多大小的。或者也可以直接用筷子打发牛奶，只是会比较费力，打发时间会长一些。

★如果是冬天，室内温度比较低的情况下，最好在打发牛奶的时候，将牛奶杯子放在温水里，保持牛奶的温度有利于打发起泡。

★牛奶一定要选全脂的，否则不利于打发起泡。

扫一扫
看制作视频

Lemon

柠檬酵素

柠檬的维生素C及有机酸含量均很高，能够防止和清除皮肤中的色素沉淀，去除油脂污垢，对美白、控油有很好的效果。

柠檬酵素汁具有消暑开胃的作用，非常适合夏季饮用，既能祛暑，又能增进食欲，还可以排毒瘦身。

a 酵素汁做法

材料（2升瓶）

柠檬……4个（500克）

绵白糖……500克

做法

1.柠檬在流水下刷洗干净，晾干。

2.将柠檬对半切开，再切成薄片。

3.取消毒并晾干的玻璃瓶，铺放上一层绵白糖。

4.铺上部分柠檬片，再铺一层糖。如此重复，直到用完所有的柠檬片。

5.最后铺上剩下的绵白糖，盖上瓶盖即可。

b 柠檬酵素汁冰饮

材料（1~2人份）

柠檬酵素汁……20毫升

纯净水……150毫升

柠檬……2片

冰块……适量

做法

1.取一个干净的杯子，倒入纯净水，再加入柠檬酵素汁，搅拌均匀。

2.将备好的柠檬片放入杯中。

3.再加入适量冰块即可。

蓝莓酵素

蓝莓的果皮中含有丰富的花青素，它是一种强效的抗氧化物质，能够帮助身体清除氧自由基，具有抗疲劳、延缓衰老的作用。

蓝莓果酱酸甜适口，加上蓝莓酵素汁一起抹到面包上，是非常有营养的美味早餐。

a 酵素汁做法

材料（1.5升瓶）

蓝莓……300克

绵白糖……300克

做法

1.将蓝莓倒入清水中，用手轻轻搅洗干净，取出，晾干水分。

2.取消毒并晾干的玻璃瓶，铺放上一层绵白糖。

3.放入部分蓝莓，再铺一层糖，用手抓匀。如此重复几次，直到用完所有的蓝莓。

4.最后铺上剩下的绵白糖，盖上瓶盖即可。

b 蓝莓酵素汁果酱面包

材料（1~2人份）

蓝莓酵素汁……20毫升

面包……200克；蓝莓酱……50克

蓝莓酵素果肉……20克

做法

1.取一个干净的碗，放入备好的蓝莓酱，再将蓝莓酵素汁倒进去。

2.放入蓝莓酵素果肉，搅拌均匀。

3.将面包切成片，抹上蓝莓酵素果酱即可食用。

扫一扫
看制作视频

Hami melon

哈密瓜酵素

哈密瓜具有消水肿的作用，因此可以帮助身体排出多余的水分。饮用哈密瓜酵素还可以促进血液循环，提高身体的抗寒能力。

酵素汁做法

材料（4升瓶）

哈密瓜（半个）……600克
绵白糖……600克

做法

1.哈密瓜在流水下冲洗洗净，晾干或擦干水分。
2.将晾干的哈密瓜切开，去籽，改切成片。
3.取一个已经高温消毒并且晾干的玻璃瓶，铺上一层绵白糖。
4.用干燥的手将部分哈密瓜放入瓶中，铺平，再加入部分绵白糖，上下抓匀。
5.继续铺入部分哈密瓜、绵白糖，用手抓匀。
6.用同样的方法处理好剩下的哈密瓜，将剩余的绵白糖铺在最上层，压平。
7.盖上瓶盖，将瓶子放置于避光通风处即可。

哈密瓜酵素汁果冻

哈密瓜酵素汁含有苹果酸、多种维生素和钙、磷、铁等营养成分，味道香甜，令人心情愉快，不仅能消暑，还有美容功效。

材料（1~2人份）

哈密瓜酵素汁……20毫升
牛奶……50毫升
纯净水……100毫升
哈密瓜酵素果肉……少许
吉利丁片……10克

做法

1.将吉利丁片剪碎，放入小碗中，倒入适量冷水，浸泡15分钟。
2.锅中注入备好的纯净水，加热至沸腾后倒入牛奶，转小火，煮至牛奶将要沸腾，关火。
3.待牛奶充分晾凉后倒入碗中，调入哈密瓜酵素汁，搅匀，待用。
4.将已经泡软的吉利丁片隔水加热至完全融化，慢慢倒入调好的牛奶酵素汁中，边倒边搅拌。
6.将搅拌好的液体放进冰箱冷藏2~3小时，取出即成果冻，用小勺舀进杯中，放上酵素果肉即可。

★如果喜欢香浓的牛奶味，也可以不加纯净水，做成味道更浓郁的果冻。

★冷冻之后的果冻是整块的，为了使酵素汁充分渗入果冻，可以用小勺将其舀成碎块，或者用挖勺挖成小球，还可以选择小一些的果冻模具，直接将果冻做成形状丰富的小块。

★吉利丁片隔水加热时要注意观察，只要其完全融化成液体状即可，不宜加热太长时间。

扫一扫
看制作视频

樱桃酵素

樱桃富含铁质，经常食用能有效预防贫血，令人面色红润。此外，樱桃的膳食纤维含量也很高，食用后可改善便秘症状。

酵素汁做法

材料（2升瓶）

樱桃……300克

绵白糖……300克

做法

1.取一碗清水，将樱桃放入清水中，用手搓洗干净。

2.将洗好的樱桃放入盘中，晾干。

3.将手用清水洗净并擦干，取已经高温消毒并晾干的玻璃瓶，铺上一层绵白糖。

4.铺上部分樱桃，再铺上一层绵白糖，压紧。

5.继续铺上部分樱桃，瓶底并铺上一层绵白糖。

6.铺上剩下的樱桃，再铺上最后一层绵白糖，用勺子铺匀。

7.盖上瓶盖，将瓶子放置于避光通风处即可。

樱桃
酵素汁龟苓膏

牛奶富含优质蛋白质和钙，搭配祛火清热的龟苓膏、润肠排毒的樱桃酵素汁和健脑益智的干果，是一种非常健康、美味的甜品。

材料（1~2人份）

樱桃酵素汁……20毫升
牛奶……150毫升
龟苓膏粉……20克
温开水……20毫升
沸水……50毫升
榛子果仁……8颗

工具

龟苓膏模具……1个

做法

1.取备好的龟苓膏粉用20毫升温开水调匀，调到无颗粒、无小疙瘩的状态。
2.将沸水倒入调好的龟苓膏粉糊中，搅拌至粉糊呈黑色半透明状。
3.将龟苓膏粉糊倒入模具中，放凉，放入冰箱冷藏，让龟苓膏自然凝固。
4.将做好的龟苓膏切成小块，放入碗中。
5.将备好的樱桃酵素汁和牛奶调匀，倒入碗中。
6.最后将榛子果仁放入碗中，即可食用。

Point 小贴士

★龟苓膏可以自己买龟苓膏粉来做，也可以买做好的，但是要注意选择有品牌、有质量保障的。购买的龟苓膏有原味的，也有各种口味的，可以根据需求选购。

★如果喜欢甜味，可以放入适量蜂蜜。

★榛子果仁可以根据口味换成其他干果，如核桃、腰果、无花果等，也可以放入各种水果。

Plum

李子酵素

李子味道偏酸，能够促进胃酸和胃消化酶的分泌，并能促进肠胃蠕动，因而有改善食欲的作用。富含抗氧化剂的李子也是延缓衰老、润滑肌肤的“超级水果”。

蜂蜜可以润肠、开胃，搭配李子酵素汁和李子果肉，可以排毒、美白，是一款非常适合女性的饮品。

a 酵素汁做法

材料（4升瓶）

李子……500克

绵白糖……500克

做法

1.李子在流水下刷洗干净，晾干。

2.将晾干的李子对半切开。

3.取消毒并晾干的玻璃瓶，铺放上一层绵白糖。

4.放入一层李子，再放入一层绵白糖，压紧。

5.将最后一层绵白糖均匀地铺在李子上，拧上瓶盖即可。

b 李子酵素汁蜂蜜水

材料（1~2人份）

李子酵素汁……20毫升

纯净水……150毫升

李子酵素果肉……适量

蜂蜜……适量

做法

1.杯中倒入纯净水，再倒入李子酵素汁，搅拌均匀。

2.加入少许蜂蜜，用勺子调匀。

3.将李子酵素果肉放入杯中即可。

Peach

扫一扫
看制作视频

桃子酵素

桃子具有生津解渴、润燥滑肠的功效，并能补气益肺、丰肌美肤。长期饮用桃子酵素还有助于调理肠胃、改善习惯性便秘。

桃子酵素汁有调理肠胃的作用，加上橙汁一起饮用，开胃效果更佳，还具有排毒、美容的功效。

a 酵素汁做法

材料（2升瓶）

桃子……600克
绵白糖……600克

做法

1.桃子在流水下刷洗去桃毛，晾干。
2.将桃子切开，去核，再切成瓣。
3.取消毒并晾干的玻璃瓶，铺放上一层绵白糖。
4.放入桃子，再放入部分绵白糖，用手上下抓匀。
5.铺上剩下的绵白糖，压平，盖上瓶盖即可。

b 桃子酵素橙汁

材料（1~2人份）

桃子酵素汁……20毫升
橙子……1个
纯净水……50毫升

做法

1.将备好的橙子洗净，去皮，切成小块，放入榨汁机中，倒入纯净水，榨成橙汁。
2.将榨好的橙汁倒入杯中，再倒入桃子酵素汁，搅拌均匀即可。

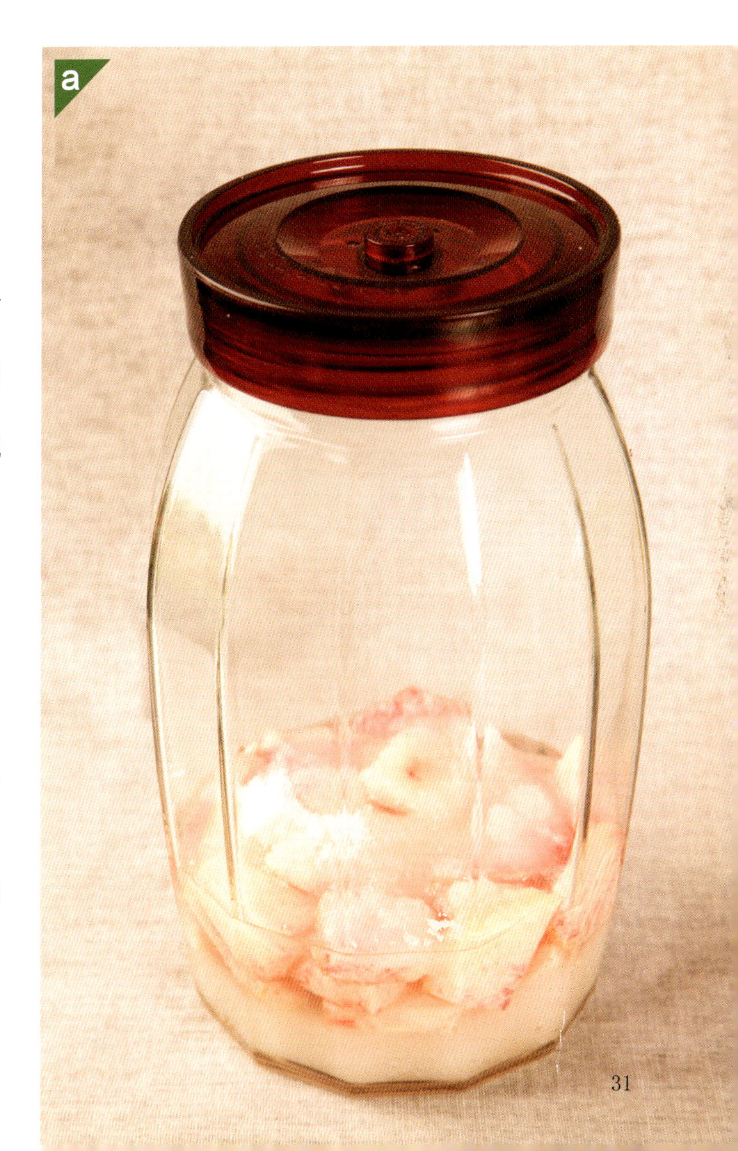

Watermelon

西瓜酵素

西瓜是清热解暑、降血压的优质食材，对改善贫血、咽喉干燥均有一定的作用。西瓜中还富含维生素C，常吃可增加皮肤弹性、减少皱纹。

酵素汁做法

材料（2升瓶）

西瓜（半个）……600克
绵白糖……600克

做法

1.西瓜在流水下冲洗干净，晾干或擦干水分。
2.将晾干的西瓜对半切开，切成四瓣，改切成片。
3.取已经高温消毒并晾干的玻璃瓶，先铺上一层绵白糖，用勺子铺匀。
4.用干燥的手将部分西瓜块放入瓶中，再盖上一层绵白糖，压紧。
5.再次铺上部分西瓜块以及绵白糖，用勺子铺匀。
6.用同样方法将所有的西瓜铺好。
7.将剩余的绵白糖铺在最上层，轻轻压平。
8.盖上瓶盖，将瓶子放置于避光通风处即可。

西瓜
酵素汁西米露

将常见的椰汁西米露加上西瓜酵素和草莓果汁，营养更丰富，成品的颜色也温馨可爱，适合女性食用，也适合小朋友食用。

材料（1~2人份）

西瓜酵素汁……20毫升
椰汁……150毫升
草莓……50克
西米……30克

做法

1.锅中加水烧开，倒入西米，一边煮一边搅拌，煮约15分钟。
2.盖上盖子，关火焖10分钟左右。
3.将煮好的西米滤出来，用冷水冲洗一下，备用。
4.将备好的草莓洗净，切成块，放入榨汁机中，榨成果汁。
5.杯中倒入椰汁，放入西瓜酵素汁，再倒入榨好的草莓汁。
6.放入煮好的西米，搅拌均匀，即可食用。

Point 小贴士

★西米不容易煮熟，在煮的过程中一定要边煮边搅拌，防止粘锅。

★如果是夏季，可以把西米煮熟后冷藏，椰汁也提前冷藏，这样做出来的成品会冰爽可口。

★如果需要做给小朋友吃，可以添加一些切成块的水果，如草莓、芒果、柚子等，颜色靓丽，风味更佳，营养更丰富。

扫一扫
看制作视频

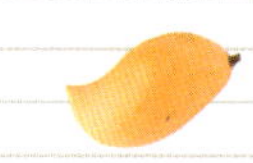

Mango

芒果酵素

芒果中的维生素C含量高于一般水果，可以补充体内维生素C的消耗，并有利于防止心血管疾病，常吃还可以起到润肤、明目的作用。

酵素汁做法

材料（2升瓶）

芒果……300克
绵白糖……300克

做法

1.用干净的百洁布将芒果在流水下擦洗干净。
2.将洗净的芒果晾干水分待用。
3.将手清洗干净并擦干，将洗净晾干的芒果横刀切成3份，去核，再改切成条。
4.往已经高温消毒并且晾干的玻璃瓶中铺上一层绵白糖。
5.用干燥的手取部分芒果铺放在绵白糖上，再铺上一层绵白糖。
6.倒入部分芒果，铺平，铺上一层绵白糖。
7.倒入剩下的芒果，铺平。
8.最后铺上剩余的绵白糖，压平。
9.盖上瓶盖，将瓶子放置于避光通风处即可。

芒果
酵素汁果冻

用芒果酵素做成的果冻，有淡淡的芒果香味，再添加牛奶、蜂蜜，色香味俱全，营养也非常丰富，是下午茶的最佳选择。

材料（1~2人份）

芒果酵素汁……20毫升
牛奶……150毫升
蜂蜜……适量
吉利丁片……2片（10克）

做法

1.将吉利丁片剪碎，放入一个小碗中，倒入适量冷水，搅匀，浸泡15分钟。
2.牛奶倒入碗中，调入部分芒果酵素汁，搅匀，待用。
3.取已经泡软的吉利丁片，放入一个小碗中，隔水加热至完全融化。
4.将融化的吉利丁慢慢倒入调好的牛奶酵素汁中，边倒边搅拌。
5.将搅拌好的液体倒入杯中，封上保鲜膜，放进冰箱冷藏2~3小时。
6.取出杯子，撕掉保鲜膜，淋入蜂蜜和剩余的芒果酵素汁即可。

★浸泡吉利丁片用冷水即可，如果是夏天，还可以用冰水浸泡。将吉利丁片隔水加热时，温度不宜太高，时间也不宜太长，至完全融化成液体状即可。

★做果冻可以直接用杯子，也可以用模具，用杯子的话最好盖上保鲜膜。

★果冻也可以直接用果冻粉来做，过程更加简单一些，营养和色彩也更丰富。

Orange

橙子酵素

橙子具有消积食、解油腻的作用，老幼皆宜。它的维生素含量丰富，经常食用能够增强人体的免疫力，帮助有害物质排出体外。

橙子榨成汁冰镇后饮用，是夏季祛暑解渴佳品，加入橙子酵素汁，酸甜可口，开胃消食的功效更好。

a 酵素汁做法

材料（2升瓶）

橙子……500克

绵白糖……500克

做法

1.洗净晾干的橙子去柄，划上十字花刀，剥去皮。

2.将去了皮的橙子切成片。

3.取消毒并晾干的玻璃瓶，铺放上一层绵白糖。

4.摆放上橙子片，铺上一层绵白糖，压紧，重复直到用完橙子片。

5.铺上剩下的绵白糖，压平，拧上瓶盖即可。

b 冰镇橙子酵素果汁

材料（1~2人份）

橙子酵素汁……20毫升

橙子……1个

纯净水……50毫升

做法

1.将橙子去皮，果肉切成小块。

2.取榨汁机，放入橙子果肉，倒入纯净水，榨成橙汁。

3.将榨好的橙汁倒入杯中，再倒入橙子酵素汁，放入冰箱冷藏片刻即可。

菠萝酵素

菠萝的膳食纤维含量很高，有预防便秘的作用。饮用菠萝酵素有助于溶解阻塞于组织中的纤维蛋白和血凝块，改善局部的血液循环，消除炎症和水肿。

菠萝酵素汁含有多种消化酶，和排毒、润肠的蜂蜜一起饮用，酸甜适口，尤其适合消化不良者及女性。

a 酵素汁做法

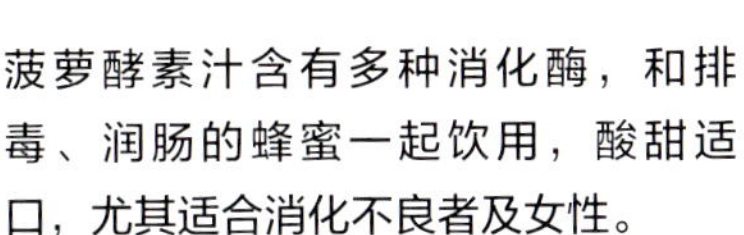

材料（4升瓶）

菠萝（1个）……600克

绵白糖……600克

做法

1.洗净晾干的菠萝去皮和硬心。

2.将处理好的菠萝果肉切成片。

3.取消毒并晾干的玻璃瓶，铺放上一层绵白糖。

4.铺放上部分菠萝，放上一层绵白糖，用手抓匀，用同样的方法处理完剩余的菠萝肉。

5.铺上剩下的绵白糖，压平，盖上瓶盖即可。

b 蜂蜜菠萝酵素汁

材料（1~2人份）

菠萝酵素汁……20毫升

纯净水……150毫升

蜂蜜……适量

做法

1.取一个干净的杯子，倒入纯净水，再倒入菠萝酵素汁，搅匀。

2.淋入适量蜂蜜，搅拌均匀即可。

扫一扫
看制作视频

Grapefruit

西柚酵素

西柚是著名的“排毒水果”，食用后可促进抗体的生成，以增强机体的解毒功能。其含有的维生素P有利于皮肤保健和美容。

酵素汁做法

材料（2升瓶）

西柚……600克

绵白糖……600克

做法

1.西柚在流水下刷洗干净，晾干或擦干水分。

2.将手用清水洗净并擦干。

3.将洗净晾干的西柚切瓣，去皮，装盘，待用。

4.备好高温消毒并晾干的玻璃瓶，瓶底倒入一层绵白糖，铺平。

5.放入一层切好的西柚，铺平。

6.再放入一层绵白糖，铺平。

7.放入剩余的西柚，铺平。

8.将剩下的绵白糖均匀地铺在西柚上，压平。

9.盖上瓶盖，将瓶子放置于避光通风处即可。

冰镇西柚酵素葡萄汁

葡萄连皮一起榨成汁，可以充分吸收其中的多种营养成分，和西柚酵素汁搭配饮用，可以延缓衰老、增强免疫力。

材料（1~2人份）

西柚酵素汁……20毫升
纯净水……150毫升
紫皮葡萄……50克
蜂蜜……少许
西柚酵素果肉……少许

做法

1.将备好的紫皮葡萄清洗干净，去籽，切成小块。
2.备好榨汁机，选择搅拌刀座组合，放入切好的葡萄，倒入纯净水，榨取果汁。
3.将蜂蜜倒入榨汁机，继续搅拌一会儿。
4.把榨好的葡萄果汁倒入杯中，再倒入西柚酵素汁，搅拌均匀。
5.将西柚酵素果肉放入杯中。
6.将做好的饮品放入冰箱冷藏半小时，即可饮用。

★西柚果肉可以使用制作西柚酵素汁的果肉，也可以使用新鲜的，前者营养更佳。

★葡萄榨汁的时候，最好将葡萄籽去掉，以免榨得不彻底，影响口感。如果使用的是专业的料理机，可以将葡萄籽一同榨汁。

★如果不喜欢太甜的口味，也可以不放蜂蜜。

青柠檬酵素

青柠檬味道较酸，香味独特而迷人，闻之可缓解孕妇晨吐。其祛痰作用比橙子更强。青柠檬皮含有丰富的钙质，因此不宜浪费。

青柠檬酵素和苏打水调配后冰镇饮用，既能消暑解热，又能够美白、排毒、瘦身。

a 酵素汁做法

材料（2升瓶）

青柠檬……250克

绵白糖……250克

做法

1.青柠檬在流水下刷洗干净，晾干。

2.将晾干的青柠檬对半切开。

3.取消毒并晾干的玻璃瓶，铺放上一层绵白糖。

4.放入部分青柠檬，再放入部分绵白糖，用手抓匀，重复直到用完青柠檬。

5.铺上剩下的绵白糖，压平，拧上瓶盖即可。

b 冰镇青柠檬酵素苏打水

材料（1~2人份）

青柠檬酵素汁……20毫升

苏打水……150毫升

青柠檬酵素果肉……适量

做法

1.将苏打水放入冰箱冷藏1小时。

2.取一个干净的杯子，倒入冰镇好的苏打水，再倒入青柠檬酵素汁，搅拌均匀。

3.放入几片发酵好的青柠檬酵素果肉，稍微搅拌即可饮用。

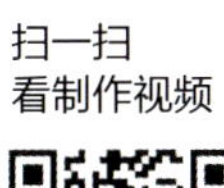

皇冠梨酵素

皇冠梨具有降低血压、养阴清热的作用，尤其适合肺部不适及患有高血压、心脏病、肝硬化的病人使用，并有利尿和解热的功效。

用皇冠梨酵素和具有开胃消食功效的白醋、石花菜拌食，即可作为一款美味的早餐，能让人清爽一整天。

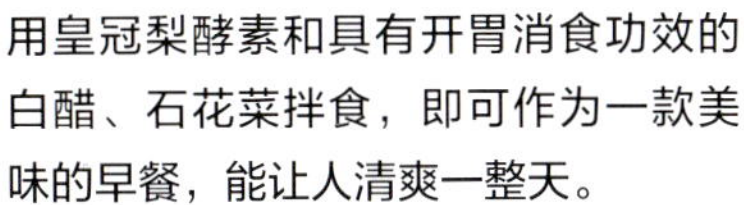

a 酵素汁做法

材料（4升瓶）

皇冠梨……800克
绵白糖……800克

做法

1.皇冠梨在流水下刷洗干净，晾干。
2.将晾干的皇冠梨对半切成四份，再切成片。
3.取消毒并晾干的玻璃瓶，铺放上一层绵白糖。
4.放入一半皇冠梨，再铺一层绵白糖，抓匀，用同样的方法铺完剩下一半的梨。
5.铺上剩下的绵白糖，压平，盖上瓶盖即可。

b 皇冠梨酵素石花菜

材料（1~2人份）

皇冠梨酵素汁……20毫升
白醋……10毫升
石花菜……50克
盐……适量

做法

1.石花菜洗净，装入盘中。
2.取一碗，倒入白醋、盐、皇冠梨酵素汁，搅匀成味汁。
3.将味汁淋在石花菜上，拌匀即可。

Purplegrape

紫皮葡萄酵素

紫皮葡萄中含有花青素，它是一种多酚类物质，具有抗氧化、预防高血压的作用，并能改善视力、防止眼部疲劳。

a 酵素汁做法

材料（4升瓶）

紫皮葡萄……1000克
绵白糖……1000克

做法

1.用剪刀将紫皮葡萄沿梗的底部剪下来，使果皮保持完整。
2.将剪下的紫皮葡萄放入清水中，用手轻轻搅洗干净。
3.将清洗好的紫皮葡萄捞出，充分晾干水分。
4.备好一个已经高温消毒并晾干的玻璃瓶，先铺上一层绵白糖。
5.用干燥的手把部分紫皮葡萄放入瓶中，铺平，再铺放一层绵白糖。
6.再将剩下的紫皮葡萄全倒入瓶中，铺匀。
7.铺上剩下的绵白糖，压平。
8.盖上盖子，将瓶子放置于避光通风处即可。

紫皮葡萄酵素汁果冻

牛奶营养丰富，搭配紫皮葡萄酵素汁做成果冻食用，是非常营养、健康的甜品。

材料（1~2人份）

紫皮葡萄酵素汁……20毫升
牛奶……150毫升
纯净水……50毫升
吉利丁片……2片（10克）
果冻模具……1个

做法

1.将吉利丁片剪碎，放入碗中，倒入冷水浸泡15分钟。
2.碗中注入纯净水，倒入牛奶，调入10毫升紫皮葡萄酵素汁，搅匀，备用。
3.将已经泡软的吉利丁片放入碗中，隔水加热至完全融化，倒入调好的牛奶酵素汁中，边倒边搅拌，调成果冻液。
4.将调好的果冻液倒入果冻模具，放进冰箱冷藏2~3小时。
5.取出果冻，脱模，放入碗中，再淋上剩下的紫皮葡萄酵素汁即成。

Point 小贴士

★果冻模具最好选择小一点，并且表面有一些凹凸的，这样做出的果冻不仅小巧，而且比较容易沾上酵素汁，吃起来味道更丰富。

★如果觉得紫皮葡萄酵素汁偏酸或者不够甜，可以再淋上少许蜂蜜或者枫糖浆。

★吉利丁片不宜用明火加热，只能隔水融化，时间不宜太长，待其完全融化成液体即可。

扫一扫
看制作视频

Chinese quince

木瓜酵素

木瓜中含有的酵素能消化蛋白质，并可将脂肪分解为脂肪酸，有利于人体对食物进行消化和吸收。饮用木瓜酵素有助于改善肠胃功能和肝功能。

酵素汁做法

材料（4升瓶）

木瓜……900克（1个）
绵白糖……900克

做法

1.将手用清水洗净并擦干。
2.取已经洗净并晾干的木瓜，对半切开，挖去籽（瓜瓤不需挖掉）。
3.将去籽的木瓜切成小瓣，再改切成片，装盘待用。
4.备好高温消毒并晾干的玻璃瓶，瓶底倒入一层绵白糖，铺平。
5.放入一层切好的木瓜片，铺平。
6.再放入一层绵白糖，铺平。
7.放入剩余的木瓜片，铺平。
8.加入剩下的绵白糖，铺匀，压平。
9.盖上盖子，将瓶子放置于避光通风处即可。

苹果 木瓜酵素汁

木瓜酵素汁具有极佳的润肠、排毒作用，搭配苹果汁饮用，既能增强免疫力，又有美容、瘦身、排毒等功效。

材料（1~2人份）

木瓜酵素汁……20毫升
苹果……半个
纯净水……50毫升
木瓜酵素果肉……适量

做法

1.将备好的苹果清洗干净，去核，切成块。
2.取榨汁机，放入切好的苹果，再放入少许木瓜酵素果肉。
3.倒入纯净水和木瓜酵素汁。
4.盖上盖子，启动榨汁机，将所有食材榨成汁。
5.断电后将榨好的酵素果汁倒出，滤入杯中即可。

Point 小贴士

★苹果切开后很容易在空气中氧化变黑，因此制作这道甜品时一定要迅速，将苹果切开后立即榨成汁。

★榨好的鲜果汁最好马上饮用，以免其有效的营养成分因氧化而流失。

★如果挑选的苹果偏酸，可以在饮用前适当调入少许蜂蜜。

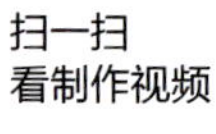
扫一扫
看制作视频

Apple

苹果酵素

苹果被称为“全科医生”，具有减肥瘦身、促进消化、缓解便秘、降低胆固醇、清理血管、维持酸碱平衡等多种健康功效，并富含能增强记忆力的锌。

将苹果酵素调成一款酸甜可口的饮品，再加点冰块，一款夏日解暑佳品你值得拥有。

a 酵素汁做法

材料（4升瓶）

苹果……4个（500克）

绵白糖……500克

做法

1.苹果在流水下刷洗干净，晾干。

2.将晾干的苹果切成瓣，改切成片。

3.取消毒并晾干的玻璃瓶，铺放上一层绵白糖。

4.放一层苹果，铺一层糖，抓匀，直到用完所有的苹果。

5.铺上剩下的绵白糖，压平，盖上瓶盖即可。

b 冰镇苹果酵素汁

材料（1~2人份）

苹果酵素汁……20毫升

柠檬……半个；冰块……适量

白糖……10克；纯净水……适量

做法

1.取一个杯子，倒入纯净水、苹果酵素汁、白糖，搅拌至白糖溶化。

2.往杯中挤入柠檬汁，搅匀。

3.加入备好的冰块，静置片刻即可。

猕猴桃酵素

猕猴桃中的膳食纤维有1/3是果胶，它可以降低血液中的胆固醇浓度，预防心血管疾病，还能够促进肠胃蠕动，防止便秘，清除体内有害代谢物。

猕猴桃酵素能生津止渴、增强免疫力，加入各种果汁，不仅味道更佳，而且还有美容嫩肤的作用。

a 酵素汁做法

材料（2升）

猕猴桃……400克

绵白糖……400克

做法

1.取猕猴桃，切去头尾，去皮，将果肉切成薄片。

2.取消毒并晾干的玻璃瓶，铺放上一层绵白糖。

3.铺上部分的猕猴桃，再铺上一层绵白糖。

4.重复上一步骤，直到用完所有的猕猴桃。

5.铺上剩下的绵白糖，压平，拧上瓶盖即可。

b 猕猴桃酵素果汁

材料（1~2人份）

猕猴桃酵素汁……20毫升

苹果……50克；雪梨……50克

香蕉……50克

做法

1.苹果、雪梨、香蕉去皮，切小块。

2.取榨汁机，倒入切好的水果，榨成果汁，滤入杯中。

3.往杯中倒入猕猴桃酵素汁即可。

Red grape

红提子酵素

红提子中含有一种叫做白藜芦醇的物质，可以防止正常细胞癌变，并含有可预防贫血的维生素B_{12}，其富含的钾能够帮助人体积累钙质。

酵素汁做法

材料（2升瓶）

红提子……600克
绵白糖……600克

做法

1.摘下红提子放入清水中，用手轻轻搓洗干净。
2.将搓洗干净的红提子装盘，晾干。
3.将手用清水洗净并擦干，将红提子对半切开，装盘，待用。
4.备好高温消毒并晾干的玻璃瓶，瓶底倒入一层绵白糖，铺平。
5.放入一层切好的红提子，铺平。
6.再放入一层绵白糖，铺匀。
7.放入剩余的红提子，铺匀。
8.将剩下的绵白糖均匀地铺在红提子上，压平。
9.盖上瓶盖，将瓶子放置于避光通风处即可。

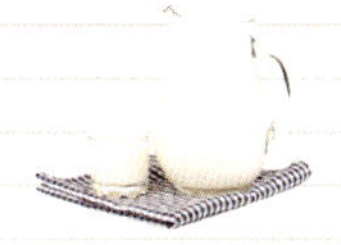

红提子酵素果冻

红提子酵素汁可以促进血液循环，改善肤质；牛奶营养丰富，能滋润肌肤，使皮肤光滑柔软白嫩。

材料（1~2人份）

红提子酵素汁……50毫升
牛奶……200毫升
果冻粉……10克
细砂糖……20克
香草粉……5克

做法

1.将牛奶倒入奶锅中，大火加热煮至沸。
2.加入香草粉，快速搅拌均匀。
3.再加入细砂糖，搅至溶化。
4.倒入备好的果冻粉，搅匀，转中火稍煮至沸。
5.稍待晾凉后倒入模具中，倒至八分满。
6.放凉后放入冰箱冷藏30分钟使其凝固。
7.从冰箱取出果冻，切成小方块，装入备好的杯子中。
8.倒入备好的红提子酵素汁，浸渍片刻即可食用。

Point 小贴士

★在倒入热牛奶之前，先涂一点油在模具内，脱模时用温水浸泡模具外部，用手拍打一下，就比较易脱出来。注意金属模具浸温水的时间不要久，6秒以内就好了，因为金属导热性很好。

★一定要待果冻完全放凉后再放入冰箱，以免模具破裂。

★果冻放进冰箱前要密封好，不然冰箱太多生熟食物会有很多细菌的。

胡萝卜酵素

胡萝卜含有大量胡萝卜素，它进入人体后可变成维生素A，对保护视力很有帮助。胡萝卜中的木质素可间接消灭癌细胞，具有一定的抗癌作用。

胡萝卜酵素汁中富含胡萝卜素，经常饮用可改善视力、缓解疲劳。西红柿中也含有胡萝卜素，一起饮用更佳。

a 酵素汁做法

材料（2升瓶）

胡萝卜……500克
绵白糖……500克

做法

1.胡萝卜在流水下刷洗干净，晾干。
2.将晾干的胡萝卜对半切开，再切成薄片。
3.取消毒并晾干的玻璃瓶，铺放上一层绵白糖。
4.铺入部分的胡萝卜，再铺上一层绵白糖，重复直到用完所有胡萝卜。
5.铺上剩下的绵白糖，压平，盖上瓶盖即可。

b 胡萝卜酵素蔬菜汁

材料（1~2人份）

胡萝卜酵素汁……20毫升
西红柿……50克
姜片……5克；白糖……适量

做法

1.洗净的西红柿去蒂，切小块。
2.备好榨汁机，倒入西红柿、姜片，注入适量清水榨成汁，滤入杯中。
3.往杯中加入胡萝卜酵素汁、白糖，拌匀即可。

Perilla

紫苏酵素

紫苏是药食同源的香料，具有解表散寒、行气和胃的作用，可用于治疗风寒感冒、发热恶寒、头痛鼻塞，还可中和鱼蟹之毒。

紫苏酵素汁有行气宽中的作用，可调理脾胃气滞、胸闷、呕恶等症，搭配西瓜，更有生津止渴的作用。

a 酵素汁做法

材料（4升瓶）

紫苏……100克

绵白糖……100克

做法

1.将紫苏在流水下冲洗干净，晾干。

2.取消毒并晾干的玻璃瓶，铺放上一层绵白糖。

3.放入一半紫苏，再放入一层绵白糖，用手抓匀。

4.依上面的步骤放好另一半紫苏。

5.铺上剩下的绵白糖，压平，盖上瓶盖即可。

b 冰镇紫苏酵素西瓜汁

材料（1~2人份）

紫苏酵素汁……20毫升

西瓜……50克

纯净水……适量

冰块……适量

做法

1.西瓜去籽，切小块。

2.取榨汁机，倒入西瓜和适量纯净水，榨成汁，滤入杯中。

3.往杯中加入紫苏酵素汁，搅匀，再加入冰块静置片刻即可。

圣女果酵素

圣女果的维生素含量高于普通西红柿，含有谷胱甘肽和番茄红素等特殊物质，可增强人体的免疫力、延缓衰老，并可提高人体的防晒功能。

酵素汁做法

材料（4升瓶）

圣女果……600克

绵白糖……600克

做法

1.圣女果在流水下刷洗干净。

2.将洗净的圣女果放入盘中，晾干。

3.将手用清水洗净并擦干，将圣女果对半切开，并去蒂。

4.备好一个已经高温消毒并晾干的玻璃瓶，先铺上一层绵白糖。

5.再铺上部分的圣女果，然后铺上部分的绵白糖，用手抓匀。

6.用同样的方法继续一层一层地铺入圣女果和绵白糖，直到用完所有的圣女果。

7.将剩余的绵白糖铺在最上层。

8.盖上瓶盖，将瓶子放置于避光通风处即可。

圣女果酵素牛奶糊

莲子有清心除烦、健脾止泻的作用，搭配苏打饼干、牛奶则是一款营养全面的早餐佳肴，常食能改善睡眠不佳、皮肤干燥等症。

材料（1~2人份）

圣女果酵素……20ml
圣女果酵素果肉……适量
苏打饼干……50克
水发莲子……10克
牛奶……200毫升
白糖……10克

做法

1.取豆浆机，倒入莲子、牛奶、苏打饼干，加入白糖。
2.盖上机头，按“选择”键，选择“米糊”选项，再按“启动”键开始运转。
3.待豆浆机运转约20分钟，即成米糊。
4.将豆浆机断电，取下机头，将煮好的米糊倒入碗中。
5.倒入圣女果酵素汁，拌入圣女果肉酵素果肉，即可搭配苏打饼干食用。

Point 小贴士

★根据个人口味酌情增减白糖的用量。

★莲子芯比较苦，备好的莲子需仔细检查一遍是否有少量莲子芯残留，否则会影响口感。

★如果希望牛奶糊更加黏稠一些，还可加入适量香蕉进行搅拌，最后淋上少许蜂蜜则更加香甜。

芦荟酵素

芦荟具有改善体质、增强体质的作用，饮用芦荟酵素可以使人保持精力旺盛，并使体液呈健康的弱碱性，有助于预防疾病和病毒感染。

坚持饮用芦荟酵素汁，能消除体内积存的毒素，改善便秘症状，并且对调理油性肌肤也有一定的作用。

a 酵素汁做法

材料（4升瓶）

芦荟……500克

绵白糖……500克

做法

1.芦荟在流水下刷洗干净，晾干。

2.将晾干的芦荟切成斜刀段。

3.取消毒并晾干的玻璃瓶，铺放上一层绵白糖。

4.铺上一层芦荟，用手抓匀，重复这个步骤直到用完芦荟。

5.铺上剩下的绵白糖，压平，盖上瓶盖即可。

b 芦荟酵素蔬果汁

材料（1~2人份）

芦荟酵素汁……20毫升

芦荟酵素果肉……适量

白萝卜……50克；柠檬……少许

纯净水……适量；白糖……10克

做法

1.将白萝卜去皮，切成小块。

2.取榨汁机，倒入白萝卜和适量纯净水，榨成汁，滤入杯中。

3.往杯中加入白糖，挤入柠檬汁，再兑入芦荟酵素汁和酵素果肉即可。

芹菜酵素

芹菜的膳食纤维和铁含量均很高，具有减肥、润肤、乌发、抗癌的作用。多食芹菜还有助于安定情绪，消除烦躁，改善肝功能。

苦瓜中含有清脂、减肥的特效成分，与同样具有消脂减肥功效的芹菜酵素汁搭配，是减肥人士的理想佳肴。

a 酵素汁做法

材料（4升瓶）

芹菜……250克

绵白糖……250克

做法

1.芹菜用流水洗净，晾干水分。

2.将晾干的芹菜对半切开，改切成段。

3.取消毒并晾干的玻璃瓶，铺放上一层绵白糖。

4.倒入部分芹菜，再铺上一层绵白糖，用手抓匀，用同样的方法处理好剩下的芹菜。

5.铺上剩下的绵白糖，压平，盖上瓶盖即可。

b 芹菜酵素泡苦瓜

材料（1~2人份）

芹菜酵素汁……20毫升

苦瓜……50克；白醋……适量

盐……适量；清水……适量

做法

1.苦瓜对半切开，去瓤，切成小块。

2.锅中注水烧开，放入苦瓜，焯煮至断生后捞出，放入碗中，晾凉待用。

3.另取一碗，加入白醋、盐、清水、芹菜酵素汁调匀，倒在苦瓜上即可。

Ginger

生姜酵素

生姜具有极佳的暖身作用，可散寒驱邪，可用于受凉引起的感冒、头疼、腹泻等。此外，生姜还具有止呕的功效，被誉为“呕家圣药”。

红茶中的咖啡碱能兴奋神经中枢，使思维反应更加敏锐，记忆力增强，与生姜酵素搭配还有暖胃驱寒之效。

a 酵素汁做法

材料（2升瓶）

生姜……450克

绵白糖……450克

做法

1.生姜在流水下刷洗干净，晾干。

2.将晾干的生姜切成块，改切成片。

3.取消毒并晾干的玻璃瓶，铺放上一层绵白糖。

4.铺一层生姜片，再铺一层绵白糖，用手抓匀，重复直到用完生姜片。

5.铺上剩下的绵白糖，压平，拧上瓶盖即可。

b 生姜酵素红茶

材料（1~2人份）

生姜酵素汁……20毫升

生姜酵素果肉……适量

红茶……3克；红糖……适量

做法

1.取备好的茶壶，放入红茶，注入开水，浸泡片刻，至其散出茶香味。

2.将壶中的茶水倒入杯中，加入红糖，搅拌至溶化。

3.待茶微温后，倒入生姜酵素汁，放入酵素果肉，调匀即可。

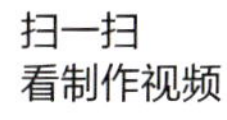

罗勒酵素

罗勒又名“金不换”、“九层塔”，具有调理脾胃、帮助消化的作用，还可以去除恶气、利水消肿。饮用罗勒酵素可使人精神振奋。

罗勒酵素有疏风行气、化湿消食的功效，用于外感头痛、食胀气滞、月经不调等症的治疗。

a 酵素汁做法

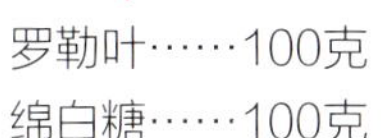

材料（2升瓶）

罗勒叶……100克

绵白糖……100克

做法

1.将罗勒在流水下冲洗干净，晾干。

2.取消毒并晾干的玻璃瓶，铺放上一层绵白糖。

3.放入部分罗勒，再放入一层绵白糖，用手抓匀。

4.依上面的步骤处理好剩下的罗勒。

5.铺上剩下的绵白糖，压平，拧上瓶盖即可。

b 苏打水罗勒酵素柠檬汁

材料（1~2人份）

罗勒酵素汁……20毫升

柠檬……半个；苏打水……50毫升

雪梨……50克；白糖……10克

做法

1.柠檬、雪梨切成小块。

2.取榨汁机，倒入柠檬、雪梨，加入备好的苏打水、白糖，榨成汁，滤入杯中。

4.倒入罗勒酵素汁，搅匀即可。

扫一扫
看制作视频

薄荷酵素

薄荷的香气沁人心脾，可清热解暑、发汗解表，对咽喉肿痛、风热感冒效果极佳。在流行性感冒的季节，饮用薄荷酵素有助于预防病毒感染。

酵素汁做法

材料（2升瓶）

薄荷叶……100克
绵白糖……100克

做法

1.薄荷叶在流水下清洗干净。
2.将洗净的薄荷叶放入盘中，晾干水，待用。
3.备好一个已经高温消毒并且晾干的玻璃瓶，放上部分的薄荷叶。
4.再放入部分的绵白糖，用手将薄荷叶和白糖充分拌匀。
5.将剩余的绵白糖铺放在薄荷叶上。
6.盖上瓶盖，将瓶子放置于避光通风处即可。

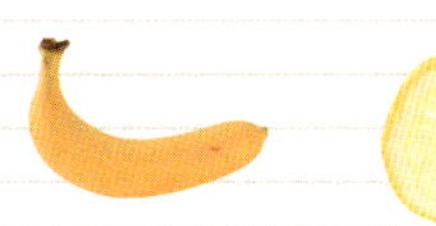

牛油果香蕉沙拉

牛油果含有钾、B族维生素、氨基酸等成分，具有润肠开胃、减肥排毒等功效，香蕉可清热润肠，促进肠胃蠕动，最适合燥热人士食用。

材料（1~2人份）

薄荷酵素汁……20毫升
牛油果……1个
香蕉……1根
柠檬……半个

做法

1.洗净的牛油果对半切开，去皮，去核，改切成小块。
2.香蕉去皮对切开，切成块。
3.取一个干净的碗，放入切好的牛油果和香蕉。
4.倒入薄荷酵素汁，用筷子快速搅拌匀。
5.食用前依自己的口味挤上少许柠檬汁，拌匀即可。

Point 小贴士

★要购买新鲜的水果。水果切后装盘，摆放时间不宜过长，否则会影响其美观，也会使水果的营养降低。

★水果沙拉最好现做现吃，如果要事先准备好，也得放入冰箱的冷藏室，而且时间最好不要超过1小时。

★做这道沙拉也可以加入少许沙拉酱，味道更浓郁。也可在普通的蛋黄沙拉酱内加入适量的甜味鲜奶油，使制出的沙拉奶香味十足。

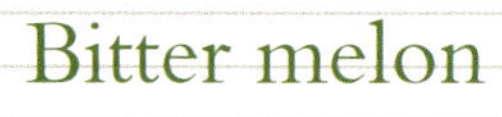

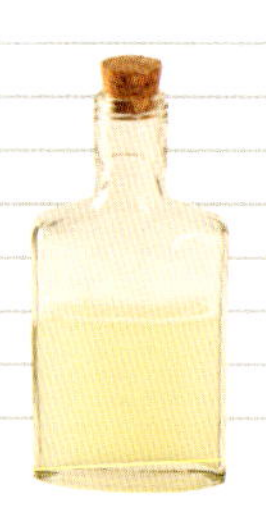

苦瓜酵素

苦瓜中的有效成分可以抑制正常细胞的癌变和促进突变细胞的复原，具有一定的抗癌作用。此外，苦瓜还能镇定和滋润皮肤，使皮肤变得白皙。

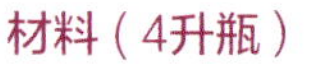

酵素汁做法

材料（4升瓶）

苦瓜……400克

绵白糖……400克

做法

1.将苦瓜放在流水下刷洗干净，晾干水分。

2.将洗净晾干的苦瓜切去柄部，切成薄片。

3.取一个已经高温消毒并且晾干的玻璃瓶，将适量绵白糖铺放在瓶底。

4.用干燥的手放入部分苦瓜，铺上适量的绵白糖，用手铺匀。

5.用同样方式将苦瓜和绵白糖铺成第三层和第四层，用手铺匀。

6.采用相同方式将苦瓜和绵白糖铺成第五层和第六层，铺匀。

7.最后铺上一层绵白糖，压瓶。

8.盖上瓶盖，将瓶子放置于避光通风处即可。

苦瓜酵素蔬果瘦身汁

苦瓜酵素是减肥佳品，苹果具有润肠通便、促进食欲、排毒瘦身等功效，这款蔬果汁是减肥人士的理想佳品。

材料（1~2人份）

苦瓜酵素汁……20毫升
青苹果……50克；无花果……50克
卷心菜……50克；白糖……适量
纯净水……适量

做法

1将青苹果去核、去皮，切成小块，待用。
2.将无花果切成小块，再切碎。
3.锅中注入适量纯净水，大火烧开，放入卷心菜，焯煮片刻至断生，捞出、沥干水分。
4.备好榨汁机，倒入青苹果、无花果、卷心菜和适量纯净水，榨成汁液，倒出过滤后装碗。
5.加入适量白糖、苦瓜酵素汁拌匀，倒入玻璃杯中即可。

Point 小贴士

★榨出来的蔬果汁不宜久放，马上喝味道才好，如果想要冰爽感觉，可以将其放在冰箱中冷藏1小时。

★市面上很多水果表皮都打过蜡，因此，要先把表皮削去后再进行下一步操作。

★挑选的水果、蔬菜要新鲜，这样做出的蔬果汁才够营养、够健康。

红心萝卜酵素

红心萝卜的维生素含量比白萝卜高，具有下火、开胃、促进消化的作用，有助于清除体力多余的水分和毒素，促进血液循环和水分代谢。

酵素汁做法

材料（4升瓶）

红心萝卜（心里美）……850克
绵白糖……850克

做法

1.红心萝卜在流水下刷洗干净，晾干水分。
2.手洗净擦干，将洗净晾干的红心萝卜切成大瓣，改切成片，待用。
3.备好高温消毒并晾干的玻璃瓶，瓶底倒入一层绵白糖，铺平。
4.放入一半切好的红心萝卜，铺平。
5.再放入一层绵白糖，用手抓匀。
6.放入剩余切好的红心萝卜，铺平。
7.再放入剩余绵白糖，压平。
8.盖上瓶盖，将瓶子放置于避光通风处即可。

酸甜红心萝卜酵素拌黄瓜

黄瓜含有维生素C、维生素E、胡萝卜素等成分，具有美容养颜、清热解毒等功效；红心萝卜酵素能够改善呼吸系统、美白皮肤。

材料（1~2人份）

红心萝卜酵素汁……20毫升
黄瓜……300克
柿子椒……100克
白醋……适量
白糖……适量
纯净水……适量

做法

1.洗净的黄瓜用刀面拍松，再切成块，装入盘中。
2.洗净的黄柿子椒切开，去籽，切粗条，再改切成块。
3.锅中注水烧开，倒入切好的黄瓜和柿子椒，焯煮断生后捞出，过一遍凉水，待用。
4.取一个碗，倒入白醋、白糖，加入适量纯净水。
5.倒入备好的红心萝卜酵素汁。
6.用筷子搅拌均匀，至白糖溶化，制成味汁，待用。
7.另取一碗，倒入黄瓜和柿子椒。
8.加入拌好的味汁，搅拌均匀，腌渍片刻即可。

Point 小贴士

★黄瓜不要拍得太碎，以免影响美观。

★一定要选择新鲜的嫩黄瓜，最好是青皮、细长、表面颗粒非常糙的，这样的黄瓜中间没有大籽，口感会比较脆爽，适合凉拌。

★调味料根据个人喜好，酌情增减用量，如果偏爱辣味者还可添加适量辣椒酱，偏爱酸味者可增大白醋的用量。

甜菜根酵素

甜菜根富含钙质，对骨骼健康非常有帮助。饮用甜菜根酵素可以改善消化问题，它含有一种类似消化液的成分，可以帮助人体消化食物。

酵素汁做法

材料（2升瓶）

甜菜根……500克
绵白糖……500克

做法

1.将甜菜根在流水下刷洗干净，注意洗去缝隙里的灰土，晾干水分。
2.切下甜菜的菜根部分，切成小段；剩余部分切大块，改切成片。双手用纯净水洗净擦干。
3.备好高温消毒并晾干的玻璃瓶，瓶底倒入一层绵白糖，铺平。
4.放入一半切好的甜菜，铺平。
5.放入一层绵白糖，铺匀。
6.放入剩余的甜菜，铺平。
7.将剩下的绵白糖均匀地铺在甜菜上，压平。
8.盖上瓶盖，将瓶子放置于避光通风处即可。

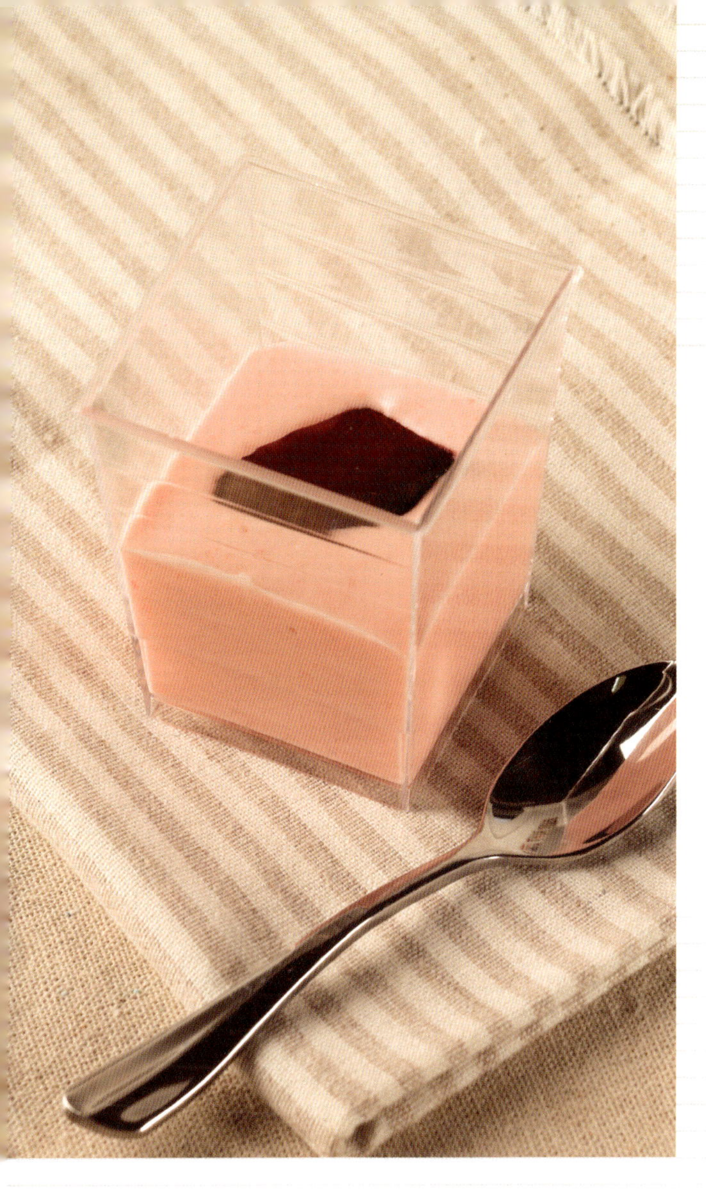

牛奶西瓜甜菜根酵素饮

西瓜具有清热解暑、生津止渴、利尿除烦等功效；牛奶可补充钙质、美容润肤、安神助眠，配上甜菜根酵素，是爱美女士的最佳选择。

材料（1~2人份）

甜菜根酵素汁……20毫升
西瓜……50克
牛奶……50毫升
雪梨……50克
白糖……适量
纯净水……适量

做法

1.处理好的西瓜去籽，取肉切成小块，待用。
2.雪梨洗净后去核、去皮，切成小块。
3.取榨汁机，倒入切好的西瓜和雪梨块。
4.倒入备好的牛奶、白糖，加入适量纯净水，启动榨汁机榨取果汁。
5.将果汁倒入杯中，加入备好的甜菜根酵素汁，拌匀即可。

Point 小贴士

★拌好的果汁饮品中还可加点蜂蜜，口感会更好。

★夏季饮用，还可将其放入冰箱中冷冻一下再喝，非常爽口解暑。

★榨好后的汁一次喝不完可以放冰箱冷藏，但时间最好别超过两小时。

★夏季有晒伤者，可将本品冰镇后取出，用小毛巾浸透后拧干，敷在晒伤处，即可消除疼痛、修复受损皮肤。

Purple
sweet potato

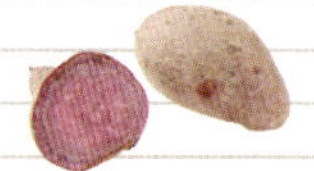

紫薯酵素

紫薯富含硒和铁，具有抗疲劳、延缓衰老、补血、抗癌等作用。紫薯中的膳食纤维可以促进肠胃蠕动，增加粪便体积，帮助大肠排出有害物质。

清爽怡人的紫薯酵素汁搭配可可奶油蛋糕，不仅可解腻，还能增强润肠通便的效果，有助于排毒养颜。

a 酵素汁做法

2升

材料（2升瓶）

紫薯……400克

绵白糖……400克

做法

1.紫薯在流水下冲洗干净，注意洗净缝隙里的灰土，晾干水分。

2.将晾干的紫薯对半切开，再改切成薄片。

3.取消毒并晾干的玻璃瓶，铺放上一层绵白糖。

4.一层一层铺放上紫薯、绵白糖，用勺子铺匀。

5.铺入剩下的绵白糖，压平，盖上瓶盖即可。

b 紫色风情奶油蛋糕

紫薯酵素汁……20毫升

可可奶油蛋糕……60克

做法

1.将可可奶油蛋糕切成小块，摆放在碟中。

2.均匀浇上紫薯酵素汁即可食用。

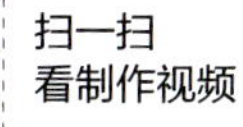

火龙果酵素

火龙果含有的植物蛋白进入人体后，可以与体内的重金属离子结合并排出体外，具有解毒作用。同时，这种植物蛋白对胃壁也有保护作用。

清甜火龙果酵素搭配冬瓜，有清热消炎、利尿降压的效果，能有效缓解水肿，适合高血压、高血脂患者饮用。

a 酵素汁做法

2升

材料（2升瓶）

火龙果（1个）……600克

绵白糖……600克

做法

1.火龙果洗净，晾干水分。

2.将火龙果表面的粗皮削去，切去头尾，再切成大块，改切成片。

3.取消毒并晾干的玻璃瓶，铺放上一层绵白糖。

4.放入部分火龙果，铺上一层绵白糖，用勺子铺匀。

5.将剩余的火龙果倒入瓶中，铺上剩下的绵白糖，盖上瓶盖即可。

b 冰镇火龙果冬瓜汁

材料（1~2人份）

火龙果酵素汁……20毫升

冬瓜……50克；冰糖……10克

冰块……适量；纯净水……适量

做法

1.冬瓜去皮洗净，切小块，放入沸水中煮熟，捞出放凉。

2.将冬瓜块和冰糖放入榨汁机中，加适量纯净水，榨成汁，滤入杯中。

3.倒入火龙果酵素汁，加冰块即可。

Green grape

青提子酵素

青提子能降低人体血清胆固醇水平，并可降低血小板的凝聚力，对预防心脑血管病有一定作用，还能提高人体免疫力，给人带来活力。

鲜藕有滋阴润燥、消食止泻、开胃清热的功效，搭配清热消暑的青提子酵素，是炎炎夏日里必备的消暑佳品。

a 酵素汁做法

材料（2升瓶）

青提子……500克

绵白糖……500克

做法

1.将青提子摘下，用流水冲洗干净，晾干水分。

2.将晾干的青提子对半切开。

3.取消毒并晾干的玻璃瓶，铺放上一层绵白糖。

4.放入一半青提子，再放入一层绵白糖，铺平。

5.放入剩余的青提子和绵白糖，压平，盖上瓶盖即可。

b 青提柠檬藕汁

材料（1~2人份）

青提子酵素汁……15毫升

柠檬……半个；鲜藕……50克

白糖……10克；纯净水……适量

青提子酵素果肉……适量

做法

1.鲜藕去皮洗净，切成小块，放入沸水中煮熟，加纯净水榨成汁，装杯。

2.挤入柠檬汁，调入白糖，倒入青提子酵素汁，搅拌匀。

3.再放上发酵过的青提子酵素果肉即可。

Pear

扫一扫
看制作视频

雪花梨酵素

雪花梨能生津、开胃、祛痰、醒酒，并适合与川贝、蜂蜜、冰糖等多种食材搭配食用。饮用雪花梨酵素可起到调理肠胃、清热止渴的作用。

雪花梨酵素搭配滋阴清热的百合和银耳，对烦躁、抑郁、失眠都有一定的食疗效果。

a 酵素汁做法

材料（2升瓶）

雪花梨……600克
绵白糖……600克

做法

1.雪花梨在流水下冲洗干净，晾干。
2.将雪花梨切成四瓣，改切成片。
3.取消毒并晾干的玻璃瓶，铺放上一层绵白糖。
4.一层一层铺入雪花梨、绵白糖，每一层都压紧。
5.最后再铺上剩下的绵白糖，盖上瓶盖即可。

b 雪花梨百合银耳汁

材料（1~2人份）

雪花梨酵素汁……20毫升
鲜百合……30克；水发银耳……20克
冰糖……10克；纯净水……适量
雪花梨酵素果肉……适量

做法

1.鲜百合洗净；水发银耳切碎。
2.将百合和银耳煮熟，捞出放凉。
3.将鲜百合、银耳、冰糖放入榨汁机中，加纯净水榨成汁，倒入杯中。
4.倒入雪花梨酵素汁，放少许发酵过的雪花梨酵素果肉即可。

扫一扫
看制作视频

荔枝酵素

荔枝对大脑组织有很好的补养作用，可明显改善失眠、健忘、神疲等症状。饮用荔枝酵素可以起到消肿解毒、止血止痛、润肤美容的作用。

酵素汁做法

材料（2升瓶）

荔枝……200克

绵白糖……200克

做法

1.将荔枝去壳，装盘，待用。将手用纯净水洗净并擦干。

2.备好高温消毒并晾干的玻璃瓶，瓶底倒入一层绵白糖，铺平。

3.放入一层荔枝，铺平。

4.再放入一层绵白糖，铺匀。

5.放入剩余的荔枝，铺匀。

6.加入剩余的绵白糖，铺平。

7.盖上瓶盖，将瓶子放置于避光通风处即可。

荔枝
桂圆椰奶

荔枝、桂圆就占据了“华南四大珍果”中的两个席位，足见其营养价值之高，能补血安神、健脑益智、补养心脾，有效缓解更年期症状。

材料（1~2人份）

荔枝酵素汁……15毫升
新鲜桂圆……100克
椰肉……60克
牛奶……150毫升
椰汁……100毫升
白糖……10克
荔枝酵素果肉……适量

做法

1.将新鲜桂圆剥去壳、去核，留取果肉，冲洗干净。
2.将桂圆肉和椰肉倒入榨汁机中。
3.注入牛奶和椰汁，搅打成汁。
4.将果汁倒入杯中，加入白糖拌匀至溶化。
5.倒入荔枝酵素汁拌匀。
6.再加入少许鲜桂圆肉和发酵过的荔枝酵素果肉，即可饮用。

Point 小贴士

★荔枝和桂圆都是热性水果，湿热体质的人应适量食用，过多容易导致上火。

★如果不喜欢太甜的味道，可以不放白糖，享受原滋原味。

香蕉酵素

香蕉可以为身体迅速补充能量，并具有保护胃黏膜、降血压、润肠道等作用。香蕉中所含的氨基酸对于缓解失眠和紧张情绪也有一定的作用。

香蕉富含糖类和钾元素，有润肠通便、利尿降压的功效，搭配酸奶食用，能缓解便秘、高血压等症状。

a 酵素汁做法

材料（2升瓶）

香蕉（3根）……600克

绵白糖……600克

做法

1.香蕉剥皮，用斜刀切成片。

2.取消毒并晾干的玻璃瓶，铺放上一层绵白糖。

3.铺上部分香蕉，再铺放上一层绵白糖，用手抓匀。

4.用以上步骤将剩余的香蕉铺放完。

5.铺上剩下的绵白糖，压平，盖上瓶盖即可。

b 香蕉酸奶

材料（1人份）

香蕉酵素汁……20毫升

酸奶……150克

香蕉酵素果肉……适量

做法

1.取酸奶倒入杯中。

2.倒入香蕉酵素汁拌匀。

3.放入发酵过的香蕉酵素果肉即可。

香瓜酵素

香瓜是夏季消暑瓜果，其营养价值可与西瓜相媲美。其所含的芳香物质、矿物质和维生素C含量还高于西瓜，对人体心脏、肝脏及肠道活动均有好处。

甜蜜香瓜和香浓牛奶的完美搭配，蜂蜜是点睛之笔，不仅独具风味，还有补中益气、排毒养颜的效果。

a 酵素汁做法

材料（4升瓶）

香瓜（1个）……800克

绵白糖……800克

做法

1.将香瓜放在流水下冲洗干净，晾干水分。

2.将洗净晾干的香瓜切成四瓣，再改切成片。

3.取消毒并晾干的玻璃瓶，铺放上一层绵白糖。

4.一层一层地放入香瓜、绵白糖，直到用完所有的香瓜。

5.最后再铺上剩下的绵白糖，盖上瓶盖即可。

b 风味香瓜蜜

材料（1人份）

香瓜酵素汁……20毫升

牛奶……250毫升

蜂蜜……15毫升

做法

1.取牛奶倒入杯中。

2.倒入蜂蜜拌匀。

3.倒入香瓜酵素汁拌匀，即可食用。

扫一扫
看制作视频

Asparagus

芦笋酵素

芦笋被称为“抗癌之王”，因为其富含的硒元素不仅能有效阻止癌细胞的分裂与生长，而且能刺激机体的免疫功能，提高身体的抗癌能力。

酵素汁做法

材料（4升瓶）

芦笋……400克

绵白糖……400克

做法

1.将芦笋在流水下冲洗干净，注意洗净头部的缝隙，晾干水分。

2.将洗净晾干的芦笋对半切开，再改切成小段。

3.备好一个已经高温消毒并且晾干的玻璃瓶，铺上一层绵白糖。

4.再放入部分芦笋，用勺子铺平。

5.继续往瓶中放入绵白糖，用勺子拌匀或用手抓匀。

6.倒入剩下的芦笋，铺上剩下的绵白糖，压平。

7.盖上瓶盖，将瓶子放置于避光通风处即可。

芦笋苹果风味奶昔

芦笋具有调节机体代谢、提高身体免疫力的功效，搭配新鲜水果和牛奶，对缓解高血压、心脏病、水肿等多种病症有积极作用。

材料（1~2人份）

芦笋酵素汁……20毫升
苹果……100克
水蜜桃……80克
牛奶……250毫升
蜂蜜……10毫升
肉桂粉……少许

做法

1.苹果洗净，切开，去籽，切成小块，备用。
2.水蜜桃洗净，去皮、去核，切成小块，备用。
3.取榨汁机，放入苹果和水蜜桃，倒入牛奶，榨成汁。
4.将牛奶果汁倒入杯中，倒入芦笋酵素汁，拌匀。
5.再倒入蜂蜜，拌匀。
6.撒上少许肉桂粉，饮用前用勺子拌匀即可。

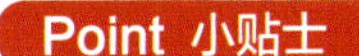

★肉桂粉可能很多人都不习惯它的味道，一定要少放，一点点就可以，也可根据个人喜好，换成核桃粉、杏仁粉之类。

★如果喜欢甜甜的味道，也可以在搅拌果汁的时候加少许冰糖，酸酸甜甜，味道更好。

★肉桂性热，因此阴虚火旺、里有实热、血热妄行者及孕妇禁服。

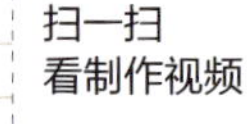

黄皮酵素

黄皮在民间素有“果中之宝”的美称，它具有独特的香味，药用价值也较高，具有生津解暑、消痰镇咳、健胃消食等功效，餐后食用最佳。

酵素汁做法

材料（2升瓶）

黄皮……400克

绵白糖……400克

做法

1.黄皮在流水下冲洗干净。

2.将洗净的黄皮盛入盘中，沥干水分，待用。

3.在晾干的黄皮上划上一道口子。

4.备好一个已经高温消毒并且晾干的玻璃瓶，铺上一层绵白糖。

5.再放上部分的黄皮，用勺子铺匀。

6.铺上一层绵白糖，用勺子铺匀。

7.倒入剩下的黄皮，铺上余下的绵白糖，压平。

8.盖上瓶盖，将瓶子放置于避光通风处即可。

黄皮酵素蔬果汁

黄皮有消食化痰、理气解郁的功效，搭配多种富含维生素和矿物质的新鲜蔬果，对预防感冒、咳嗽、便秘、水肿等病症有积极的作用。

材料（1~2人份）

黄皮酵素汁……20毫升
卷心菜……60克
菠萝……1/4个
黄柿子椒……半个
柠檬……半个
蜂蜜……10毫升
矿泉水……适量

做法

1.卷心菜洗净，切成小块，备用。
2.菠萝肉洗净，切成小块。
3.黄柿子椒洗净，去蒂、去籽，切成小块。
4.锅中注水烧开，倒入卷心菜和黄柿子椒煮熟，捞出放凉。
5.将卷心菜、菠萝、黄柿子椒倒入榨汁机中，注入适量矿泉水，搅打成蔬果汁。
6.将蔬果汁倒入杯中，挤入几滴柠檬汁。
7.倒入黄皮酵素汁，搅匀。
8.再调入蜂蜜拌匀，即可食用。

Point 小贴士

★卷心菜和柿子椒都是可以生吃的，可根据个人喜好选择是否要煮熟。

★菠萝肉可能会有少许涩味，榨汁前可用淡盐水浸泡片刻。

★该饮品制成后可以放入冰箱冷藏片刻，口感更佳，更有利于消暑解渴，但不宜过于冰凉。

★发酵过的黄皮果肉一同食用更好。

Green apple

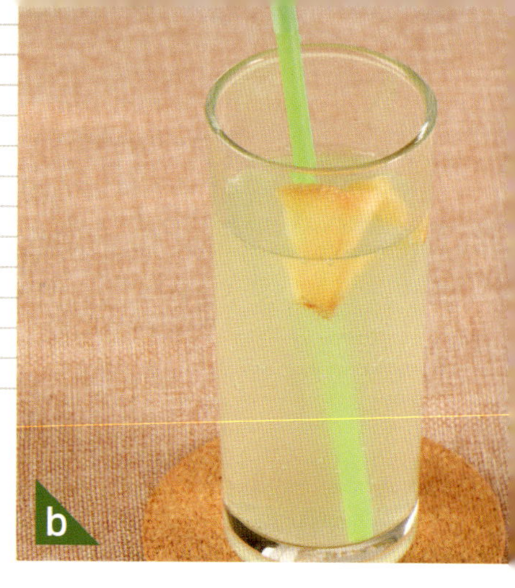

青苹果酵素

青苹果含有大量的维生素、矿物质和丰富的膳食纤维，特别是果胶含量丰富，除了具有一般苹果之补心益气、益胃健脾等功效外，其止泻效果尤佳。

青苹果搭配哈密瓜，维生素C之集大成，能抗氧化、防衰老、排毒养颜，非常适合爱美女性食用。

a 酵素汁做法

材料（4升瓶）

青苹果……450克
绵白糖……450克

做法

1.青苹果在流水下冲洗干净，晾干。
2.将青苹果对半切开，改切成片。
3.取消毒并晾干的玻璃瓶，铺放上一层绵白糖。
4.放上部分青苹果片，铺上一层绵白糖，用手抓匀，按同样的方法处理好剩余的苹果片。
5.铺上剩下的绵白糖，压平，盖上瓶盖即可。

b 青苹果柠檬哈密瓜饮

材料（1~2人份）

青苹果酵素汁……15毫升
哈密瓜……50克；柠檬……半个
冰糖……5克；矿泉水……适量
青苹果酵素果肉……适量

做法

1.哈密瓜去皮、去籽，切成小块。
2.将哈密瓜和冰糖放入榨汁机中，加适量矿泉水，榨成汁，滤入杯中。
3.挤入几滴柠檬汁，倒入青苹果酵素汁，放上发酵过的青苹果酵素果肉即可。

扫一扫
看制作视频

番石榴酵素

番石榴是养颜美容的最佳水果之一，其维生素C比柑橘高8倍，维生素A及铁的含量也非常丰富，对于保护皮肤和视力都非常有益。

番石榴富含维生素C、糖类及多种矿物质，有滋阴清热、增强免疫力的功效，搭配冰糖食用更可缓解燥热。

a 酵素汁做法

2升

材料（2升瓶）

番石榴（2个）……500克
绵白糖……500克

做法

1.番石榴在流水下冲洗干净，晾干。
2.将番石榴对切成大块，再切成片。
3.取消毒并晾干的玻璃瓶，铺放上一层绵白糖。
4.放入一层番石榴片，再放入一层绵白糖，重复直到用完番石榴。
5.铺上剩下的绵白糖，压平，盖上瓶盖即可。

b 冰爽番石榴糖水

材料（1~2人份）

番石榴酵素汁……15毫升
矿泉水……300毫升
冰糖……15克；柠檬……半个

做法

1.杯中倒入150毫升矿泉水，加入冰糖拌至溶化，再倒入冰格中，放入冰箱冷冻成冰块。
2.取杯子倒入剩下的矿泉水，挤入几滴柠檬汁。
3.倒入番石榴酵素汁，放冰块即可。

黄秋葵酵素

黄秋葵具有增强身体耐力、消除疲劳和强肾补虚的作用，尤其适合男性、体力劳动者及老年人食用，有助于迅速恢复体力，缓解疲劳。

酵素汁做法

材料（2升瓶）

黄秋葵……450克
绵白糖……450克

做法

1.将黄秋葵在流水下刷洗干净，晾干水分。
2.将晾干的黄秋葵切成斜刀段。
3.备好一个已经高温消毒并且晾干的玻璃瓶，铺上一层绵白糖。
4.将部分的黄秋葵铺放在瓶中，用手铺匀。
5.铺上一层绵白糖，用手将黄秋葵与绵白糖抓匀。
6.按同样的方法继续一层一层铺入黄秋葵、绵白糖，直到用完所有的黄秋葵。
7.最后铺上余下的绵白糖，压平。
8.盖上瓶盖，将瓶子放置于避光通风处即可。

黄秋葵鲜果冰沙

多种鲜果的美味组合，让你尽情享受维生素C大餐，抗氧化、防衰老、美容养颜、瘦身排毒，一样都不耽误。

材料（1~2人份）

黄秋葵酵素汁……20毫升
青提子……100克
水蜜桃……80克
苹果……80克
蜂蜜……10毫升
冰块……适量
矿泉水……适量

做法

1.青提子洗净，去皮、去籽，备用。
2.水蜜桃洗净，去皮、去核，备用。
3.苹果去皮、去核，洗净，切成小块，备用。
4.将青提子、水蜜桃、苹果倒入榨汁机中，注入少许矿泉水，打成鲜果浓汁。
5.往榨汁机中倒入冰块，继续搅打半分钟，即成鲜果冰沙。
6.将鲜果冰沙倒在杯中，倒入黄秋葵酵素汁。
7.调入蜂蜜，搅匀即可食用。

Point 小贴士

★青提子、水蜜桃和苹果一定要削去外皮，苹果和青提一定要去籽，做出的鲜果冰沙口感才好。

★最好准备稍微小点的冰块，这样打出来的冰沙更细腻，口感更好。

★蜂蜜并非必需品，如果不是喜欢太甜腻的味道，也可以不放蜂蜜，体验原味果汁冰沙的美好。

扫一扫
看制作视频

洋葱酵素

洋葱含有一种叫做前列腺素A的物质，具有扩张血管、降低血液黏度的作用，因此食用洋葱或饮用洋葱酵素汁对降低血压非常有益。

酵素汁做法

材料（2升瓶）

紫洋葱（2个）……500克
绵白糖……500克

做法

1.将紫洋葱在流水下冲洗干净，晾干水分。
2.将晾干的洋葱切去顶端、根部，切厚片，掰散成条。手洗净擦干。
3.备好高温消毒并晾干的玻璃罐，瓶底倒入一层绵白糖，铺平。
4.放入一半掰散的洋葱条，铺平。
5.再放入一层绵白糖，铺匀。
6.放入剩下的洋葱条，铺平。
7.将剩余的绵白糖均匀地铺在洋葱条上，压平。
8.盖上瓶盖，将瓶子放置于避光通风处即可。

紫魅诱惑

洋葱酵素汁搭配红酒，能起到活血化瘀的作用，对心脑血管疾病患者大有裨益。加入新鲜葡萄和蜂蜜，缓和了洋葱的辛辣味。

材料（1~2人份）

洋葱酵素汁……20毫升
红酒……100毫升
新鲜葡萄……80克
柠檬……半个
蜂蜜……15毫升

做法

1.将新鲜葡萄洗净，去皮、去籽，备用。
2.将葡萄果肉倒入小碗中，用勺子按压成泥状。
3.红酒倒入杯中，滴入新鲜葡萄汁。
4.挤入柠檬汁拌匀。
5.再倒入洋葱酵素汁。
6.调入蜂蜜，拌匀，即可饮用。

Point 小贴士

★成年人一天喝的量在50毫升左右为宜；年纪较大的人一次喝20毫升左右即可。每天喝一两次即可。

★该饮品调制好后可放入冰箱冷藏片刻，口感更好。

★发酵过的洋葱片一起食用更好。

★不经常喝酒的人，可用2倍左右的开水稀释饮用或每次倒入锅内加热4~5分钟，蒸发酒精后再饮用。

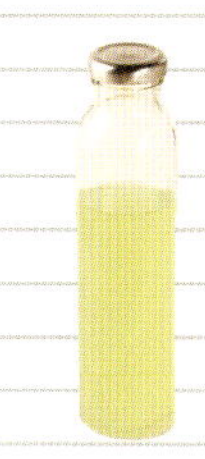

Wax gourd

冬瓜酵素

冬瓜具有清热化痰、消肿利湿、美白润肤的作用，其含有的丙醇二酸，可以控制体内的糖类转化为脂肪，对减肥有良好的功效。

海带有软坚散结、清热消炎的功效，搭配冬瓜利尿降压、降脂减肥，非常适合“三高”人群食用。

a 酵素汁做法

2升

材料（2升瓶）

冬瓜……450克

绵白糖……450克

做法

1.冬瓜在流水下冲洗干净，晾干。

2.将洗净晾干的冬瓜切成扇形块，再改切成片。

3.取消毒并晾干的玻璃瓶，铺放上一层绵白糖。

4.一层一层地铺入冬瓜、绵白糖，直到用完所有的冬瓜。

5.铺上剩下的绵白糖，压平，盖上瓶盖即可。

b 冬瓜酵素拌海带

材料（1~2人份）

冬瓜酵素汁……20毫升

海带丝……100克；盐……2克

香油……少许

做法

1.将海带丝洗净，备用。

2.锅中烧开水，放入海带丝煮熟，捞出，沥干水分，放入盘中。

3.倒入冬瓜酵素汁，放盐、香油，拌匀即可食用。

Pumpkin

扫一扫
看制作视频

南瓜酵素

南瓜可以促进胆汁分泌，其膳食纤维可以保护胃壁免受粗糙食物刺激，并加强胃肠蠕动，帮助食物消化，保持大便通畅，是非常温和的排毒食物。

南瓜富含膳食纤维、钾，苹果富含维生素C，牛奶富含蛋白质和钙，三者搭配食用能有效增强人体免疫力。

a 酵素汁做法

材料（4升瓶）

南瓜……450克；绵白糖……450克

做法

1.南瓜在流水下冲洗干净，晾干水分。
2.将晾干的南瓜切开，掏出瓤备用，瓜肉切片。
3.取消毒并晾干的玻璃瓶，铺放上一层绵白糖。
4.先放入南瓜瓤，再放入部分南瓜片，铺平。
5.铺入一层绵白糖，放入剩余的南瓜片，压平。
6.顶层铺上剩下的绵白糖，盖上瓶盖即可。

b 南瓜苹果奶昔

材料（1~2人份）

南瓜酵素汁……50毫升
牛奶……250毫升；苹果……1个
冰块……少许

做法

1.苹果洗净，去皮、核，切成小块。
2.将苹果放入榨汁机中，倒入牛奶，榨成苹果牛奶汁，倒入杯中。
3.倒入南瓜酵素汁，放入冰块即可。

红苋菜酵素

红苋菜的维生素C含量高居绿色蔬菜第一位，并富含钙、磷、铁等营养物质，而且不含草酸，不会影响钙、铁进入人体以后的吸收。

牛奶中加入红苋菜酵素汁能净化血液，提高消化吸收能力，促进细胞新陈代谢，有助于排出宿便和毒素。

a 酵素汁做法

材料（2升瓶）

红苋菜……250克

绵白糖……250克

做法

1.红苋菜在流水下冲洗干净，甩干水分，充分晾干。

2.取消毒并晾干的玻璃瓶，铺放上一层绵白糖。

3.放入部分红苋菜，再放入一层绵白糖，用手抓匀。

4.依上面的步骤处理好所有红苋菜。

5.铺上剩下的绵白糖，压平，盖上瓶盖即可。

b 伊丽莎白奶汁

材料（1~2人份）

红苋菜酵素汁……20毫升

牛奶…………150毫升

白砂糖…………20克

做法

1.将备好的牛奶放入碗中。

2.取一个干净的碗，倒入红苋菜酵素汁、牛奶、白砂糖，调匀。

3.另取一瓶，倒入调好的汁，拌匀，饮用即可。

乌龙茶中加入酵素汁能调整身体的机能，促进脂肪分解，能达到减肥美容的功效。

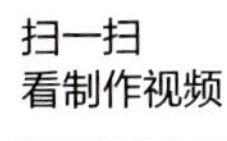

茄子酵素

茄子含有丰富的维生素P，它能增强细胞间的黏着力，保持血管的坚韧性，降低胆固醇，因此多吃茄子对于预防血管硬化、降低血压非常有益。

a 酵素汁做法

材料（4升瓶）

茄子……500克
绵白糖……500克

做法

1.茄子在流水下刷洗干净，晾干水分。
2.将晾干的茄子去蒂，切成两段，每段对半切开，再切片。
3.取消毒并晾干的玻璃瓶，铺放上一层绵白糖。
4.一层一层放入茄子、绵白糖，用手抓匀，直到用完所有的茄子。
5.放入剩余的绵白糖，铺平，盖上瓶盖即可。

b 浓香乌龙饮

材料（1~2人份）

茄子酵素汁……20毫升
乌龙茶……5克；纯净水……适量
砂糖……10克

做法

1.将纯净水煮沸，泡开乌龙茶，待用。
2.取干净的杯子，放入砂糖，加入茄子酵素汁，搅匀。
3.乌龙茶稍微冷却后倒入杯中即可。

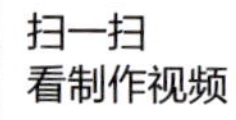

黄瓜酵素

黄瓜中的黄瓜酶，有很强的生物活性，能有效地促进机体的新陈代谢，具有抗衰老、增强免疫力、美容养颜、清热消肿等功效。

酵素汁做法

材料（4升瓶）

黄瓜……500克

绵白糖……500克

做法

1.黄瓜在流水下刷洗干净，充分晾干水分。

2.将洗净晾干的黄瓜对半切开，切圆片，装盘。手洗净擦干。

3.备好高温消毒并晾干的玻璃罐，瓶底倒入一层绵白糖，铺平。

4.放入一层切好的黄瓜片，压平。

5.加入一层绵白糖，铺平。

6.放入第二层黄瓜片，压平。

7.加入一层绵白糖，铺匀。

8.放入剩余黄瓜片，压平。

9.顶层放入剩余绵白糖，铺平。

10.盖上瓶盖，将瓶子放置于避光通风处即可。

水晶凉粉块

凉粉口感顺滑、清凉适口，是夏季倍受喜爱的消暑佳品，加入黄瓜酵素汁不仅更美味，而且清热、降脂的作用也更好。

材料（1~2人份）

黄瓜酵素汁……20毫升

凉粉……300克

香菜……5克

醋……适量

做法

1.洗净的的凉粉切成小块，放入冰水中或冰箱中，冰镇片刻。

2.将洗净的香菜切成段。

3.将冰镇好的凉粉取出，装入碗中，待用。

4.取一小碗，倒入黄瓜酵素汁、醋，调匀成味汁。

5.将调好的味汁均匀地浇在凉粉上面，用筷子轻轻拌匀。

6.最后放上切好的香菜即可。

Point 小贴士

★做好的凉粉不适合放在冰箱长时间保存，最好现吃现做，口感最佳。

★料汁可按自己的口味来做，比如加入白糖或香油均可。

扫一扫
看制作视频

Red pepper

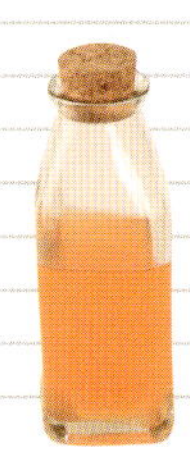

红柿子椒酵素

红柿子椒中含有丰富维生素C和β-胡萝卜素，而且越红越多，还含有一种椒红素，具有保护视力、缓解疲劳、防止皮肤粗糙等作用。

酵素汁做法

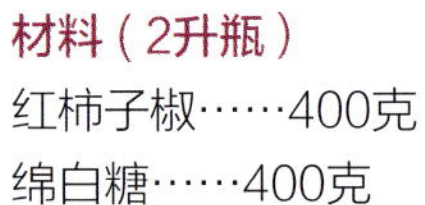

材料（2升瓶）

红柿子椒……400克

绵白糖……400克

做法

1.红柿子椒在流水下刷洗干净，晾干水分。

2.将洗净晾干的红柿子椒去柄，对半切开，去蒂切瓣，切长段。手洗净擦干。

3.备好高温消毒并晾干的玻璃罐，瓶底倒入一层绵白糖，铺平。

4.放入一半切好的红柿子椒，压平。

5.加入一层绵白糖，铺匀。

6.放入剩下的红柿子椒，压平。

7.顶层放入剩下的绵白糖，铺匀。

8.盖上瓶盖，将瓶子放置于避光通风处即可。

红柿子椒芒果奶昔

用红柿子椒酵素汁作为调料，做成奶昔，口感丝滑，而且具有美容养颜的作用。

材料（1~2人份）

红柿子椒酵素汁……20毫升
芒果奶昔……40克
草莓……20克
西红柿……30克
蜂蜜……适量

做法

1.将洗净、去皮的西红柿切成小碎丁，待用。
2.洗净的草莓去蒂，切成小碎丁，待用。
3.取干净的碗，放入芒果奶昔、红柿子椒酵素汁、蜂蜜，拌匀。
4.放入西红柿碎丁、草莓碎丁，用调羹拌匀。
5.另取干净的碗，倒入拌好的奶昔即可。

★如果不喜欢太甜的，可以不放或少放蜂蜜。

★奶昔里加入新鲜蔬果和酵素汁，口感和味道都出人意料。可根据自己的喜好加入各种水果，如香蕉、蓝莓等。

★这款饮品制作简单，适合夏天燥热的天气，冷藏之后口感更棒。

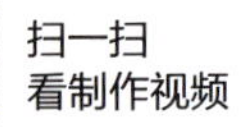

Crown daisy

茼蒿酵素

多食茼蒿有助于改善粗糙的肤质，其特殊的香味来自一些挥发油成分，它们具有宽中理气、消食开胃、增加食欲的功效。

酵素汁做法

材料（2升瓶）

茼蒿……300克

绵白糖……300克

做法

1.茼蒿在流水下冲洗干净，甩干水分，充分晾干。

2.将洗净晾干的茼蒿切去硬梗部分，剩余切小段。手洗净擦干。

3.备好高温消毒并晾干的玻璃罐，瓶底倒入一层绵白糖，铺平。

4.放入一层切好的茼蒿。

5.加入一层绵白糖，用手将茼蒿和糖上下抓匀。

6.放入剩下的茼蒿，铺平。

7.顶层放入余下的绵白糖，铺匀。

8.盖上瓶盖，将瓶子放置于避光通风处即可。

茼蒿酵素鲜蔬果沙拉

茼蒿具有天然的辛香气味，用茼蒿酵素做成沙拉，不仅提升口感，还有健胃消食的作用。

材料（1~2人份）

茼蒿酵素汁……20毫升
卷心菜……60克
西红柿……80克
红柿子椒……70克
沙拉酱……1大勺
酸奶……40克

做法

1.洗净的卷心菜切成小块；洗净的西红柿切成小块；洗净的红柿子椒切成小块。
2.取干净的碗，放入卷心菜、西红柿、红柿子椒，淋入沙拉酱、酸奶，拌匀。
3.倒入茼蒿酵素汁，拌匀至食材充分入味。
4.另取干净的碗，倒入拌好的食材，摆好盘即可。

Point 小贴士

★西红柿一定要用流水冲洗，这样可以有效地去除表面残留的农药，西红柿可以不去皮，按各自喜好来做。

★若喜欢甜味的，可以往沙拉中加入适量的蜂蜜或者白糖。

★卷心菜要撕得碎一点，会更方便食用。

菠菜酵素

菠菜中含有丰富的胡萝卜素、维生素C、钙、磷及一定量的铁、维生素E等有益成分，能供给人体多种营养物质。其所含的铁质，对缺铁性贫血有较好的辅助治疗作用。

酵素汁做法

材料（2升瓶）

菠菜……300克
绵白糖……300克

做法

1.菠菜在流水下冲洗干净，甩干水分，充分晾干。
2.将洗净晾干的菠菜切小段，装盘。手洗净擦干。
3.备好高温消毒并晾干的玻璃瓶，瓶底倒入一层绵白糖，铺平。
4.放入一半切好的菠菜，再放入一层绵白糖。
5.将材料上下抓匀。
6.放入剩余切好的菠菜，加入适量绵白糖。
7.再次将材料上下抓匀。
8.放入剩余绵白糖，铺平。
9.盖上瓶盖，将瓶子放置于避光通风处即可。

酵素蔬果汁

在鲜榨的蔬果汁中调入酵素汁一同饮用，味道酸甜适口，还能增强消食排毒、美容养颜的作用，建议每天饮用。

材料（1~2人份）

菠菜酵素汁……20毫升
黄瓜……80克
苹果……70克
蜂蜜……15毫升
纯净水……适量

做法

1.洗净的黄瓜切小块；洗净的苹果切小块。
2.备好榨汁机，倒入黄瓜块、苹果块，加入适量纯净水，放入菠菜酵素汁，拌匀。
3.榨至食材成汁，倒入碗中，加入蜂蜜，拌匀。
4.另取干净的碗，倒入碗中，拌匀即可。

Point 小贴士

★各种食材比例，随自己喜好调配即可。

★在打蔬果汁的时候要加入少许纯净水，这样蔬果容易打烂。

★喝果汁和吃水果不同，很容易摄入过量，要注意控制。制作果汁动作要快速，榨好了立刻饮用，否则极易氧化。血糖异常升高者或糖尿病人应禁止饮用纯果汁。喝果汁不能代替吃水果，否则会导致纤维素摄入不足。

浆果综合酵素

浆果味道甜美、香气迷人，组合在一起制作成酵素，口感会非常惹人喜爱，并且具有抗贫血、降低胆固醇、嫩白皮肤等作用。此外，浆果综合酵素非常适合心脏不好及血压偏高的人饮用，对改善不适症状有一定的帮助。

酵素汁做法

材料（4升瓶）

蓝莓……150克
草莓……150克
红提子……300克
绵白糖……600克

做法

1.蓝莓、草莓、红提子分别放入纯净水中，用手轻轻搅洗干净，捞出，晾干水分。
2.将晾干的草莓对半切开，切小块，装盘。手洗净擦干。
3.晾干的红提子对半切开，装盘。
4.备好高温消毒并晾干的玻璃瓶，瓶底倒入一层绵白糖，铺平。
5.放入一半切好的红提子、草莓、蓝莓，将材料铺匀。
6.再放入一层绵白糖，铺平。
7.放入剩余的红提子、蓝莓、草莓，铺平。
8.将余下的绵白糖均匀地铺在材料上，填满缝隙。
9.盖上瓶盖，将瓶子放置于避光通风处即可。

酵素
果味鸡尾酒

苏打水与朗姆酒调制成浪漫鸡尾酒，加入浆果综合酵素汁及发酵好的果肉，即刻变身超爽的果味鸡尾酒，养颜效果非常不俗。

材料（1~2人份）

浆果综合酵素汁……20毫升
浆果综合酵素果肉……20克
薄荷叶……2片
苏打水……150毫升
朗姆酒……20毫升

做法

1.将苏打水放入冰箱，冷藏1~2小时，待用。
2.取一个干净的玻璃杯，倒入朗姆酒、冰镇好的苏打水。
3.倒入浆果综合酵素汁，用调羹轻轻搅匀。
4.放入发酵好的浆果综合酵素果肉，放入薄荷叶稍微搅拌一下即可。

Point 小贴士

★可以选择不同口味的酒类和苏打水，随自己喜好任意调配成鸡尾酒。

★薄荷用勺背轻压释放香气，尽快饮用，否则叶片变色影响美观。

★可以放上自己喜欢的水果粒，做成口感丰富的果饮。

扫一扫
看制作视频

柑橘综合酵素

柑橘类水果富含维生素C，并且有助于改善人体的酸性内环境，从而增强免疫能力。此外，柑橘类水果有助于强化人体的新陈代谢，加入生姜之后制作而成的酵素，促进血液循环的作用更加增强，饮用后可增强身体的抗寒、抗病能力。

酵素汁做法

材料（4升瓶）

柠檬（1个）……150克
橙子（2个）……350克
西柚（1个）……300克
生姜……100克
绵白糖……900克

做法

1.将柠檬、橙子、西柚、生姜分别在流水下刷洗干净，晾干水分。
2.西柚、橙子去皮取果肉，切小块。
3.将柠檬切成片，生姜切成片。
4.备好一个已经高温消毒并且晾干的玻璃瓶，铺上一层绵白糖。
5.放入部分的西柚、橙子、柠檬、姜片，用手铺放好。
6.铺上一层绵白糖，用手上下抓匀。
7.继续放入部分食材，铺平整，再铺上一层绵白糖，上下抓匀。
8.同样方式将剩余的食材全部铺放在瓶中。
9.将余下的绵白糖铺在最上层。
10.盖上瓶盖，将瓶子放置于避光通风处即可。

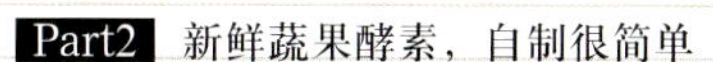

酵素果汁王

“内涵”丰富的鲜榨黄色水果汁，加入柑橘综合酵素汁，清爽的味道令人欲罢不能，还能起到清热、明目、美颜的作用。

材料（1~2人份）

柑橘综合酵素汁……20毫升
柑橘……40克
芒果……60克
哈密瓜……50克
菠萝……30克
纯净水……适量
蜂蜜……10毫升

做法

1.洗净去皮的柑橘切小块。
2.洗净去皮的芒果切丁。
3.洗净去皮的哈密瓜切小块。
4.洗净去皮的菠萝切小块。
5.备好榨汁机，放入柑橘、芒果、哈密瓜、菠萝，加入柑橘综合酵素汁、纯净水，拌匀。
6.榨成汁，倒入杯中，加入蜂蜜，拌匀即可。

Point 小贴士

★此汁榨完要尽快喝完，因为水果在空气中易氧化。

★喜欢酸甜的朋友，可以加点柠檬，味道会更好。

★用冰镇后的凉开水或者榨好果汁以后放冰箱里冷藏后再饮用口感更好，不过肠胃虚弱者就不要饮用太凉的果汁了。

★最好选用低速压榨式榨汁机，营养保留得比较好。

香草综合酵素

香草类食材中大都含有一些杀菌、消炎的物质，用几种香草一起制作成酵素，饮用后具有杀菌消炎、清热解暑、预防感冒等作用，坚持饮用可以逐渐增强身体的免疫力，减少疾病发生的几率，还有助于提振精神、消除疲劳。

酵素汁做法

材料（2升瓶）

薄荷……100克
罗勒……50克
香菜……30克
绵白糖……180克

做法

1.薄荷、罗勒、香菜在流水下冲洗干净，晾干水分。
2.将晾干的香菜折成等长段。
3.备好一个已经高温消毒并且晾干的玻璃瓶，铺上一层绵白糖。
4.将部分的薄荷、罗勒、香菜放入其中，用干燥的手搅拌片刻。
5.铺上一层绵白糖，用手抓匀，使得食材和绵白糖充分混匀。
6.将剩下的食材倒入瓶中，铺上一层绵白糖，用手抓匀。
7.最后再铺上余下的绵白糖，压平。
8.盖上瓶盖，将瓶子放置于避光通风处即可。

清爽果味汁

椰汁中加入香草综合酵素汁，可促进新陈代谢，其清凉香气，还可平缓情绪，能起到提神醒脑的作用。

材料（1~2人份）

香草综合酵素汁……20毫升
椰汁……150毫升
柠檬……1个
薄荷叶……少许
白糖……适量

做法

1.薄荷叶洗净，放入白糖，拌匀，轻轻将薄荷叶压碎，腌渍10分钟，待用。
2.将洗净的柠檬对半切开，挤出汁水，待用。
3.取一个干净的杯子，倒入椰汁，加入香草综合酵素汁、柠檬汁，搅拌均匀。
4.放入用白糖腌渍好的薄荷叶，轻轻搅拌一下即可。

Point 小贴士

★咽喉痛或口干时，尤其夏天气温高，人们经常出入空调房，很容易患上感冒，要防治感冒，又想利咽生津，最好食用时加上薄荷叶。

★喜欢吃甜点的可以加糖，还可以搭配水果，放冰箱冰过更好喝。

红色杂蔬酵素

红色蔬菜不仅能激起人的食欲，并且营养价值很高。常见的红色蔬菜有西红柿、灯笼椒、朝天椒等，它们富含类胡萝卜素、番茄红素、辣椒红素等物质，具有很强的抗氧化作用，能够帮助人体清除自由基，增强免疫力。

酵素汁做法

4升

材料（4升瓶）

西红柿（1个）……250克
小红辣椒（2个）……15克
红柿子椒（1个）……200克
绵白糖……465克

做法

1.西红柿、小红辣椒、红柿子椒分别在流水下刷洗干净，晾干水分。
2.将晾干的红柿子椒切瓣，改切小块。将手用纯净水洗净并擦干。
3.将晾干的西红柿对半切开，改切成小块。
4.将晾干的朝天椒切成小圈，装盘，待用。
5.备好高温消毒并晾干的玻璃瓶，瓶底倒入一层绵白糖，铺平。
6.放入部分各种食材，铺匀。
7.再放入一层绵白糖，铺平。
8.放入剩余的食材，铺匀。
9.将余下的绵白糖铺在最上层，轻轻压平。
10.盖上瓶盖，将瓶子放置于避光通风处即可。

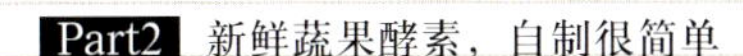

鲜蔬酵素汁沙拉

用红色杂蔬酵素汁加醋作为调料，制成蔬菜沙拉，不仅口感和谐，而且具有提神解乏的作用。

材料（1~2人份）

红色杂蔬酵素汁……30毫升
白醋……10毫升
纯净水……适量
黄瓜……半根
红灯笼椒……半个
黄灯笼椒……半个
圣女果……3颗

做法

1.将洗净的黄瓜切成小块。
2.将洗净的红灯笼椒、黄灯笼椒分别切开，去籽、去蒂，再切成小块。
3.取一个干净的碗，倒入白醋、红色杂蔬酵素汁，加入适量纯净水，调匀成味汁。
4.另取一碗，放入切好的蔬菜，再倒入调好的味汁，拌匀即可。

Point 小贴士

★将做好的沙拉放入冰箱冷藏1~2小时候食用，味道更佳。

★可以在味汁中加入少许白糖，拌匀，微甜的味汁更能突出新鲜蔬菜鲜爽的口感。

★白醋也可以用苹果醋等果醋代替，吃起来不仅果香味十足，并且具有开胃消食、护肤瘦身的作用。

绿色蔬果酵素

绿色蔬果是全年都很容易买到的食材，含有人体每日所需的基本营养物质。选择几种绿色蔬果制作成酵素，坚持每日饮用，可以为身体补充所需的营养，为健康打好基础。加上青柠檬不仅可以提升整体口感，而且能增加维生素C的含量。

酵素汁做法

材料（4升瓶）

西蓝花……200克
青柠檬……50克
油菜……200克
香芹……100克
绵白糖……550克

做法

1.西蓝花放入纯净水中浸泡20分钟。
2.青柠檬、油菜、香芹分别在流水下冲洗干净。
3.将所有的食材晾干水分。
4.将晾干的青柠檬切成片；香芹切碎；油菜对半切开，再切碎；西蓝花切成小朵，再切成更小的块。
5.备好一个已经高温消毒并且晾干的玻璃瓶，铺上一层绵白糖。
6.放入部分的西蓝花、油菜、香芹、青柠檬。
7.铺上一层绵白糖，用手将糖与食材上下抓匀。
8.放入剩下的香芹、西蓝花、油菜、青柠檬，再铺上一层绵白糖，用手抓匀。
9.将余下的绵白糖铺在最上层，压平。
10.盖上瓶盖，放置于避光通风处即可。

纯净果饮

加入绿色蔬果酵素汁，果味会加浓，酸甜口感，能起到开胃消食的作用。

材料（1~2人份）

绿色蔬果酵素汁……20毫升
雪梨……30克
桃子……30克
纯净水……适量
蜂蜜……15毫升

做法

1.将洗净去皮的梨切成小块；洗净去皮的桃子切成小块。
2.备好榨汁机，放入切好的梨、桃子，榨至成汁，倒入杯中。
3.加入绿色蔬果酵素汁、适量纯净水，拌匀。
4.依自己的口味调入适量蜂蜜，拌匀即可。

Point 小贴士

★果汁做好后尽快饮用，否则会氧化。

★如果喜欢喝稀一点的果汁，可以加一些牛奶，一定不要加水。

★可以根据自家的杯子容量，选择倒入果汁的分量。

★可以加入少许柠檬汁，味道更酸甜。

★蔬果汁倒出后可以撇去泡沫，口感会更好。

秋季蔬果酵素

秋季大量蔬果成熟，因此可以选择多种果蔬制作出营养全面的综合酵素，冬季饮用，对身体非常有益。如胡萝卜、红薯等“根菜”以及红豆等谷物，用其制作的酵素能够促进人体的新陈代谢，加速血液循环，是冬季防寒暖身的佳品。

酵素汁做法

材料（4升瓶）

胡萝卜……250克
红薯……250克
黄柿子椒……250克
红豆（干）……200克
绵白糖……950克

做法

1.胡萝卜、红薯、黄柿子椒用流水冲洗干净；红豆用纯净水淘洗几遍。
2.将所有的食材晾干水分。
3.将晾干的黄柿子椒去柄、蒂，切粗条。手洗净擦干。
4.红薯对半切开，切去底端，再切片；胡萝卜对半切开，再切片。
5.备好高温消毒并晾干的玻璃罐，瓶底倒入一层绵白糖，铺平。
6.放入部分胡萝卜、红薯、黄柿子椒、红豆，铺平。
7.加入一层绵白糖，用手将食材和糖上下抓匀；继续放完所有食材。
8.将剩余的绵白糖铺在最上层。
9.盖上瓶盖，将瓶子放置于避光通风处即可。

秋季蔬果酵素汁果冻

红茶具有极佳的暖身作用，搭配秋季蔬果酵素汁以及营养丰富的牛奶，是秋冬季节的理想甜品。

材料（1~2人份）

秋季蔬果酵素汁……50毫升
牛奶……150毫升
红茶……5克
吉利丁片……2片（10克）
果冻模具……1个

做法

1.将吉利丁片剪碎，放入碗中，倒入适量冷水，搅匀，浸泡15分钟。
2.锅中注入150毫升纯净水，加热至沸腾后倒入红茶，煮约1分钟，至茶香散出。
3.倒入牛奶，转小火，煮至牛奶将要沸腾，关火。
4.待奶茶晾凉后滤取汁液倒入碗中，调入秋季蔬果酵素汁，搅匀。
5.取已经泡软的吉利丁片，放入一个小碗中，隔水加热至完全融化。
6.将融化的吉利丁慢慢倒入调好的奶茶酵素汁中，边倒边搅拌。
7.将搅拌好的液体倒入果冻模具，放进冰箱冷藏2~3小时，取出脱模即可。

Point 小贴士

★ 浸泡吉利丁片不宜用温水或热水，用冷水即可，如果是夏天，可以用冰水浸泡。将吉利丁片隔水加热时，温度不宜太高，时间也不宜太长，至完全融化成液体状即可。

★煮红茶时，水的量与牛奶的量以1:1为最佳，这样煮出的奶茶汁浓度适宜，味道香醇。煮的时候尽量少搅动，以免奶茶汁的味道偏苦。

★如果需要做给小朋友吃，可以直接购买市售的果冻粉，色彩和口味都更丰富，如草莓味、巧克力味等。选用可爱动物造型的模具，做出的果冻更能引起孩子的注意。

Part 3

酵素汁甜品
帮你调理不适症状

酵素汁不仅酸甜可口，而且对身体具有非常好的保健功效。将发酵好的酵素汁制成各种饮品、甜品，或者作为调味料入菜，都是不错的养生妙法。本章就针对日常生活中常见的9种不适症状，包括消化不良、失眠、水肿、体寒、便秘、上火、感冒、肤质不佳、早衰等，推荐了多种美味可口的酵素汁甜品，让酵素汁充分地发挥其调理身体的作用，帮助你和家人一同守护健康。

富含消化酶的酵素汁——全面帮助消化

促进消化

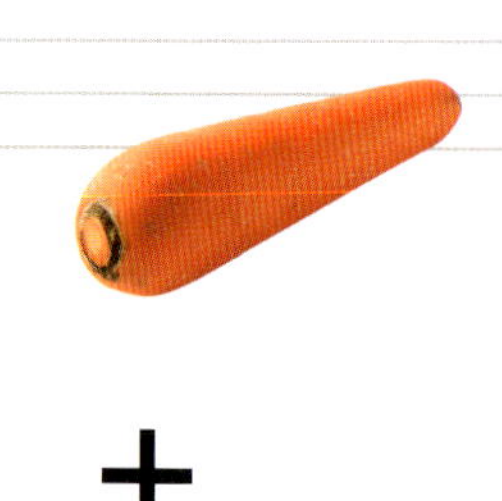

酵素汁中含有多种消化酶，进入人体后，可以帮助淀粉、蛋白质、脂肪等物质的消化，尤其对于分解脂肪非常有效，这也是为什么很多人饮用酵素汁后会瘦身的原因。饮用某些富含消化酶的酵素汁，可逐渐缓解并消除胃胀、嗳气、消化不良、食欲不振等不适症状，使人体的消化功能增强。建议餐后1小时左右或睡前坚持饮用。

红绿综合酵素果汁

猕猴桃酵素汁和西柚酵素汁混合饮用，有助于解除油腻、促进消化、增强机体的解毒功能，经常食用肉类的人可以坚持饮用这款饮品。

猕猴桃酵素汁　+　西柚酵素汁

材料（1~2人份）

猕猴桃酵素汁……10毫升

西柚酵素汁……10毫升

西柚酵素果肉……适量

纯净水……适量

做法

取干净的杯子，倒入猕猴桃酵素汁、西柚酵素汁，加入适量纯净水，调匀，放入适量西柚酵素果肉即可。

果味酵素甜品

芦荟酵素汁和圣女果酵素汁混合饮用，能保护维生素C不被破坏，还可软化血管，促进钙、铁元素的吸收，帮助胃液消化脂肪和蛋白质。

芦荟酵素汁　　圣女果酵素汁

材料（1~2人份）

芦荟酵素汁……10毫升
圣女果酵素汁……10毫升
新鲜芦荟……100克
圣女果酵素果肉……少许
纯净水……适量

做法

1.将新鲜芦荟去皮，取芦荟肉切成小块，放入碗中，待用。
2.取一个杯子，倒入芦荟酵素汁、圣女果酵素汁及果肉，加入纯净水调匀。
3.将调好的酵素汁倒入碗中即可。

蔬果奶味饮

胡萝卜酵素汁和苹果酵素汁混合饮用，能加速胃肠蠕动，促进代谢，其富含的多种消化酶可以帮助身体代谢蛋白质、糖类、脂肪等物质。

胡萝卜酵素汁　　苹果酵素汁

材料（1~2人份）

胡萝卜酵素汁……10毫升
苹果酵素汁……10毫升
熟普洱茶……5克
纯净水……适量

做法

1.纯净水煮沸，将熟普洱茶泡好。
2.待普洱茶稍微晾凉后，滤出茶汁，装入杯中，调入胡萝卜酵素汁、苹果酵素汁，轻轻搅匀即可。

富含膳食纤维的酵素汁——增强胃肠动力

改善便秘

便秘会引发肠道内毒素瘀积、免疫力下降、身体肥胖等多种健康问题。饮用酵素汁可以有效改善肠道内环境，从而温和地消除便秘现象，这是因为食物中的膳食纤维对于缓解便秘功效尤佳。存在于果蔬中的膳食纤维包括水溶性纤维和非水溶性纤维两种，在酵素中起作用的主要是水溶性膳食纤维，它具有一定的黏性，能够在肠道中大量吸收水分，使粪便柔软、体积增大，并能有效活化肠道内的益生菌，使益生菌大量繁殖，维护肠道健康。

酵素汁蜂蜜奶昔

雪花梨酵素汁和皇冠梨酵素汁混合饮用，能增强肠胃动力，搭配牛奶与蜂蜜，更能滋养肠胃，经常饮用有助于排出肠道毒素，改善便秘并紧实小腹。

雪花梨酵素汁　　皇冠梨酵素汁

材料（1~2人份）

雪花梨酵素汁……10毫升
皇冠梨酵素汁……10毫升
雪花梨……50克
牛奶……150毫升
蜂蜜……10毫升

做法

将雪花梨切块，倒入榨汁机中，加入牛奶、蜂蜜，榨成汁后倒入杯中，调入雪花梨酵素汁、皇冠梨酵素汁即可。

樱桃草莓酵素汁奶昔

樱桃酵素汁、草莓酵素汁搭配酸奶，可以补充消化酶和膳食纤维，改善肠道菌群结构，不仅能帮助身体代谢、润肠通便，还有很好的美肤、抗衰老功效。

樱桃酵素汁 + 草莓酵素汁

材料（1~2人份）

樱桃酵素汁……10毫升
草莓酵素汁……10毫升
鲜奶……150毫升
酸奶……50毫升
砂糖……5克

做法

将酵素汁、鲜奶、酸奶、砂糖都倒入搅拌杯中，开启搅拌机，将材料充分搅拌混匀，倒入杯中即可。

酸甜桃李酵素红茶

红茶有很好的养护肠胃效果，搭配桃子酵素汁、李子酵素汁，酸甜可口，更适合胃肠功能差、脾胃虚寒、便秘与腹泻交替出现的人群。

桃子酵素汁 + 李子酵素汁

材料（1~2人份）

桃子酵素汁……10毫升
李子酵素汁……10毫升
红茶……5克
砂糖……适量

做法

将茶具用开水烫一下，放入红茶，沸水洗一次茶，再冲泡两次，滤出茶汤倒入杯中，等茶汤晾凉后加入酵素汁、砂糖，调匀即可。

健肤美肤

水果和蔬菜中含有丰富的水分、糖分、维生素、矿物质及果胶，它们都有滋养、收敛与增加肌肤弹性的效果，能防止皮肤干燥、痤疮，经过发酵制作成酵素汁，这些成分更易被人体消化、吸收和利用。经常饮用酵素汁能改善身体整体的代谢与循环，改善内分泌、促进排毒，减少皮肤暗沉和色斑等问题的产生，从根本上帮助改善肤质。

酵素汁魔芋果冻

圣女果酵素汁和蓝莓酵素汁搭配，能提供丰富的维生素C、维生素E、花青素等抗氧化物质，能对抗自由基对皮肤的损伤，美白、润肤，搭配魔芋果冻，是一道很好的夏季美容甜品。

圣女果酵素汁　　蓝莓酵素汁

材料（1~2人份）

圣女果酵素汁……15毫升

蓝莓酵素汁……15毫升

魔芋果冻……2个

砂糖……适量

做法

1.将魔芋果冻放入冰箱冷藏1小时。

2.取出果冻装入盘中，将蓝莓酵素汁、圣女果酵素汁、砂糖混合调匀，淋在冰镇好的果冻上即可。

酵素汁鲜奶

芒果和橙子酵素汁中含有丰富的维生素C，是美白滋润肌肤的必备因素，搭配具有美白、润肤功效的牛奶一起饮用，美肤效果更好。

芒果酵素汁 + 橙子酵素汁

材料（1~2人份）

芒果酵素汁……10毫升

橙子酵素汁……10毫升

鲜牛奶……300毫升

蜂蜜……10毫升

做法

将芒果酵素汁、橙子酵素汁倒入牛奶中，根据口味调入适量蜂蜜，搅拌均匀即可，夏季可以冷藏后再饮用。

酵素汁香橙冰沙

草莓和红心萝卜酵素汁搭配，能改善代谢，使肤质变得细腻、光滑，搭配富含维生素C的橙子，对皮肤有很好的滋润保湿作用。

草莓酵素汁 + 红心萝卜酵素汁

材料（1~2人份）

草莓酵素汁……10毫升

红心萝卜酵素汁……10毫升

橙汁……100毫升

冰块……适量

砂糖……适量

做法

将酵素汁、橙汁、冰块和砂糖全部倒入搅拌杯中，充分打碎混匀成冰沙状，倒入杯中即可。

调理体寒

体寒是由于体质和生活习惯的交错而引起的症状，长期处于寒性体质，女性会影响到生育、月经等，男性会引发性功能障碍。要想彻底调理好体寒，需要一段较长的时间，但只要我们在生活中多留意，并且长久坚持健康的生活习惯，就能有效地防治体寒。一些特殊的酵素，例如生姜酵素，通过其辛温散寒的特殊功效，能帮助调理体寒的问题。

生姜杂蔬酵素驱寒茶

这款饮料特别适合秋冬季节饮用，尤其是南方春、夏、秋季阴雨不断，人体内湿气、寒气过重，易生病，饮用这款驱寒茶有很好的驱寒、除湿功效。

生姜酵素汁　　红色杂蔬酵素汁

材料（1~2人份）

生姜酵素汁……10毫升
红色杂蔬酵素汁……15毫升
发酵好的生姜酵素果肉……1片
热水……适量
红糖……少许

做法

将红糖放入杯中，倒入热水，搅拌至红糖完全溶化，待红糖水微温后调入酵素汁，放入发酵好的生姜片即可。

暖身酵素热巧克力

紫皮葡萄和苹果酵素汁搭配上热巧克力，能提供充足的糖分和温暖的满足感，最适合寒冷的冬季饮用，对于体寒、痛经的女性也有很好的舒缓效果。

紫皮葡萄酵素汁　　苹果酵素汁

材料（1~2人份）

紫皮葡萄酵素汁……10毫升
苹果酵素汁……10毫升
巧克力粉……5克
热水……适量

做法

将巧克力粉放入杯中，倒入沸水冲调成热巧克力，待温度稍下降后倒入酵素汁，调匀即可。

橙姜藕粉

藕粉性温味甘，有益胃健脾、养血补益、止泻等功能，搭配橙子、生姜酵素汁，还可以改善代谢、祛湿散寒，适合痛经、感冒及天气寒冷时食用。

橙子酵素汁　　生姜酵素汁

材料（1~2人份）

橙子酵素汁……15毫升
生姜酵素汁……10毫升
藕粉……1小袋
热水……适量

做法

1.藕粉倒入碗中，加入酵素汁和少许凉开水拌至无颗粒。
2.倒入热水，边倒边搅拌，至藕粉呈均匀黏稠的糊状即可。

清热消暑

炎炎夏日，无论是健康人还是体质较差者，都应该注意改善生活和工作环境，做好防暑、降温措施。日常的饮食应以清淡为主，保证摄入充足的水分、无机盐和维生素，尤其是代谢和脾胃功能较差的人，要多饮水、饮茶。酵素汁中含有丰富的维生素和多种活性物质，选择合适的酵素，对于夏季清热、消暑、改善食欲不振很有帮助。

柠香酵素冰淇淋

冰淇淋是夏季不可缺少的一道美味甜品，自己DIY一份含有健康酵素汁的冰淇淋，在解暑的同时又能为身体补充酵素，改善消化功能，增进食欲。

柠檬酵素汁　　香瓜酵素汁

材料（1~2人份）

柠檬酵素汁……20毫升
香瓜酵素汁……20毫升
冰淇淋粉……100克；芒果……30克
牛奶……250毫升；柠檬……10克

做法

将冰淇淋粉加入牛奶、酵素汁，搅拌均匀，倒入切碎的芒果、柠檬，放入冰箱冷冻2~3小时取出搅拌一下，再冷冻，共搅拌2次，即成美味冰淇淋。

菠萝橙香酵素冰饮

橙子酵素汁和菠萝酵素汁搭配，能为人体提供丰富的维生素、无机盐、果酸等成分，能补充身体代谢和流汗所失去的维生素和盐分，改善夏季乏力、精神不振。

橙子酵素汁　＋　菠萝酵素汁

材料（1~2人份）

橙子酵素汁……15毫升
菠萝酵素汁……15毫升
矿泉水……500毫升
砂糖……少许

做法

将矿泉水、酵素汁与适量的砂糖倒入大瓶中，充分混匀，放入冰箱冷藏，随饮随取。

李子薄荷酵素蜂蜜茶

李子有养阴生津、润肠通便的功效，薄荷性质辛凉，能解热、清心明目，制成酵素汁能萃取其中的有效成分和营养物质，搭配滋养的蜂蜜，特别适合夏季饮用。

李子酵素汁　＋　薄荷叶酵素汁

材料（1~2人份）

李子酵素汁……15毫升
薄荷叶酵素汁……5毫升
砂糖……适量
温水……适量

做法

将李子酵素汁、薄荷叶酵素汁倒入杯中，按口味加适量砂糖，倒入温水，搅拌至砂糖溶化即可。

预防感冒

感冒俗称伤风，经常有打喷嚏、鼻塞、流纯净水样鼻涕、咳嗽、咽干、咽痒或灼热感等症状。受凉、淋雨、气候突变、过度疲劳等降低身体防御能力的因素会诱发感冒，老幼、体弱、免疫功能低下的人也更容易患上感冒。轻度的感冒一般不需要用药，如果没有并发症，注意休息、合理饮食的情况下，一般5~7天就能自然痊愈。适当的饮用酵素汁能够补充多种维生素，提高人体的免疫力，有助于预防感冒及减轻感冒的不适症状。

酵素梨藕汁

木瓜、苹果酵素汁搭配清热润喉、富含维生素C的橙子，在改善免疫力、促进代谢的同时，还能减轻咽干、咽痛、咳嗽等症状，适合夏秋季节或风热感冒患者饮用。

木瓜酵素汁　　苹果酵素汁

材料（1~2人份）

木瓜酵素汁……10毫升

苹果酵素汁……10毫升

橙子……1个

做法

1.将橙子去皮，切成小块，放入榨汁机中，加入少许纯净水，榨成汁，滤入杯中。

2.调入木瓜酵素汁、苹果酵素汁，搅拌均匀即可。

清凉酵素汁冰粉

冰粉口感爽滑，适合感冒喉咙不适时食用，富含维生素C的西柚酵素汁可促进感冒症状的恢复。芦笋酵素汁中的抗氧化成分可增强身体的免疫力，预防感冒的再次发生。

西柚酵素汁 + 芦笋酵素汁

材料（1~2人份）

西柚酵素汁……20毫升
芦笋酵素汁……10毫升
冰粉……10克
蜂蜜……20克
热水……500毫升

做法

冰粉加热水搅拌至无颗粒，放凉后盖上保鲜膜，放入冰箱冷藏1小时至凝固，用挖勺舀入小碗中，淋上酵素汁与蜂蜜调成的汁，拌匀即可。

橙柚酵素蜂蜜柠檬茶

对于免疫力较差的人，常常食用柑橘类、西红柿等富含维生素C的水果蔬菜，能有效的预防感冒，尤其是气温变化或刚刚接触过感冒患者时，来一杯能有效预防病毒感染。

西柚酵素汁 + 橙子酵素汁

材料（1~2人份）

西柚酵素汁……15毫升
橙子酵素汁……15毫升
柠檬……1个；蜂蜜……适量

做法

1.将柠檬洗净，切成片，用蜂蜜腌渍好，放入冰箱冷藏。
2.第二天取出几片柠檬放入杯中，加水冲泡好，滤出汁，稍凉后调入西柚酵素汁、橙子酵素汁，搅匀即可。

调节神经活动的酵素汁——改善睡眠质量

防治失眠

失眠虽不属于危重疾病，但影响人们的日常生活。睡眠不足会导致健康不佳，生理节奏被打乱，继之引起疲劳感，全身不适、无精打采、反应迟缓、头痛、记忆力减退等症状。饮用酵素可有效舒缓情绪、清热除烦，从而改善失眠症状。这是因为酵素大多是用蔬果制作而成，它们或气味清香，能安抚你的情绪；或营养丰富，能滋补心血、养心安神；或有清热生津之效，能清心除烦，提高睡眠质量。

罗蓝椰奶西米露

西米露具有除烦止渴的作用，牛奶中含有一种促进睡眠的物质——色氨酸，再加入香气清新的蓝莓和罗勒酵素汁，能有效缓解焦虑、舒缓神经、改善睡眠。

罗勒酵素汁　+　蓝莓酵素汁

材料（1~2人份）

蓝莓酵素汁……15毫升
罗勒酵素汁……5毫升
西米……30克
牛奶……50毫升

做法

1.将西米煮成透明状，捞出，放入凉水中冰镇片刻，再捞出装入杯中。
2.加入牛奶、蓝莓酵素汁、罗勒酵素汁，调匀即可。

芹菜香草酵素茶

大麦茶不含茶碱、咖啡因、鞣酸等刺激神经的成分，并且大麦本身就具有养心安神的作用，适合失眠患者饮用，加入含有芳香物质的酵素汁，更有助于舒缓紧张的情绪。

芹菜酵素汁　　香草综合酵素汁

材料（1~2人份）

芹菜酵素汁……20毫升

香草综合酵素汁……15毫升

大麦茶……10克

做法

1.将大麦茶用开水泡好，稍待晾凉后滤取茶汁，倒入杯中。

2.加入芹菜酵素汁、香草综合酵素汁，搅拌均匀即可。

柠紫酵素黄瓜汁

酸爽柠檬酵素汁与紫苏酵素汁混合饮用，不仅开胃消食，还能让人心情舒畅，赶走焦虑和紧张等不适，轻松拥有优质的睡眠。

柠檬酵素汁　　紫苏酵素汁

材料（1~2人份）

柠檬酵素汁……20毫升

紫苏酵素汁……15毫升

黄瓜……1小段

做法

1.将黄瓜切成小块，放入榨汁机中，榨取黄瓜汁，滤入杯中。

2.往杯中倒入柠檬酵素汁、紫苏酵素汁，搅拌均匀即可。

延缓衰老

衰老是生物随着时间的推移，自发的必然过程，通常表现为神疲乏力，须发早白，视物模糊，肌肤干燥失养，记忆力减退，行动迟缓，骨质疏松等症状。饮用酵素有抗氧化，嫩肤美白，延缓衰老的作用。这是因为人体内的还原作用可以消除体内产生的自由基，从而对抗衰老，而酵素是进行这些过程中不可缺少的催化剂。此外酵素还能将人体产生的氧化废物排出体外，维持体内自由基与内源性抗氧化系统的平衡，帮助人体实现延缓衰老的目的。

双柠酵素苏打水

柠檬酸味较重，而青柠檬香气更足，二者都富含维生素C等抗氧化成分，搭配在一起饮用更能帮助身体清除自由基，增强延缓衰老的效果，口感也更佳。

柠檬酵素汁　　青柠檬酵素汁

材料（1~2人份）

柠檬酵素汁……15毫升

青柠檬酵素汁……20毫升

柠檬酵素果肉……适量

苏打水……200毫升

做法

1.将苏打水倒入杯中，加入柠檬酵素汁、青柠檬酵素汁，搅拌均匀。

2.放入柠檬酵素果肉，轻轻搅拌一下即可。

抗酸化抹茶饮

抹茶含有茶多酚等强效抗氧化成分，加入紫苏与甜菜根酵素，清香适口，并具有抗酸化、宽中下气、延缓衰老的功效，非常适合下午时分配合茶点食用。

紫苏酵素汁　＋　甜菜根酵素汁

材料（1~2人份）

紫苏酵素汁……10毫升

甜菜根酵素汁……10毫升

抹茶粉……5克

温开水……200毫升

做法

1.温开水倒入杯中，放入抹茶粉，冲调均匀。

2.往杯中倒入紫苏酵素汁和甜菜根酵素汁，搅拌均匀即可。

清新酵素红豆沙

红豆沙是补血养颜的佳品，还具有消除水肿的作用。红心萝卜酵素中富含花青素，具有极强的抗氧化作用，搭配富含维生素E的秋季蔬果酵素汁，抗衰老效果非常好。

红心萝卜酵素汁　＋　秋季蔬果酵素汁

材料（1~2人份）

红心萝卜酵素汁……20毫升

秋季蔬果酵素汁……15毫升

红豆……50克

纯净水……400毫升

做法

1.红豆用纯净水泡发好，放入压力锅煮成红豆沙，晾凉后装入杯中。

2.倒入红心萝卜酵素汁和秋季蔬果酵素汁，搅拌均匀即可。

消除水肿

水肿是指血管外的组织间隙中有过多的体液积聚，为临床常见症状之一，常见于肾炎、肺心病、肝硬化、营养障碍及内分泌失调等疾病。饮用酵素能有效消除水肿，改善水肿引起的身体不适症状。这是因为水肿大多由于营养不良，或者新陈代谢缓慢所致，而酵素营养丰富且全面，能为人体提供充足的营养物质，同时还能激活人体内的组织代谢过程，从而改善人体内环境，达到消除水肿的目的。

葡萄梨酵素冰淇淋

紫皮葡萄酵素汁中含有丰富的钾，可以帮助身体代谢出多余的水分，从而有效消除水肿。雪花梨酵素汁中含有多种维生素和矿物质，具有滋阴清热、利尿消肿的作用。

紫皮葡萄酵素汁

雪花梨酵素汁

材料（1~2人份）

紫皮葡萄酵素汁……20毫升

雪花梨酵素汁……25毫升

冰淇淋粉……100克

牛奶……250毫升

做法

冰淇淋粉加入牛奶，搅拌均匀，放入冰箱冷冻2~3小时取出搅拌一下，再冷冻，共搅拌2次，即成冰淇淋，盛入杯中，淋上酵素汁即可。

酸甜大麦茶

红茶可以加速身体的新陈代谢，具有帮助胃肠消化、利尿、消除水肿的作用，还能振奋精神。加入西柚酵素汁、圣女果酵素汁，果香浓郁，独具风情。

西柚酵素汁 + 圣女果酵素汁

材料（1~2人份）

西柚酵素汁……20毫升
圣女果酵素汁……30毫升
红茶……5克
热水……300毫升

做法

1.把红茶倒入冲茶杯中，再倒入适量热水，盖上盖子，泡1~2分钟。
2.滤取红茶水，倒入杯中，待晾凉后加入西柚酵素汁和圣女果酵素汁，搅拌均匀即可。

夏日清爽酵素冰

西瓜、哈密瓜都是富含钾的水果，用其制作的酵素汁具有很好的利水消肿的功效，将二者的酵素汁调入苏打水，还有助于中和胃酸、预防皮肤老化。

西瓜酵素汁 + 哈密瓜酵素汁

材料（1~2人份）

西瓜酵素汁……20毫升
哈密瓜酵素汁……15毫升
冰块……适量
苏打水……200毫升

做法

1.将苏打水倒入杯中，调入西瓜酵素汁、哈密瓜酵素汁，搅拌均匀。
2.放入适量冰块即可。

图书在版编目（CIP）数据

让你年轻十岁的蔬果酵素／孙晶丹主编. —北京：
中国纺织出版社，2016.1
ISBN 978-7-5180-2118-5

Ⅰ.①让… Ⅱ.①孙… Ⅲ.果汁饮料－制作②蔬菜
－饮料－制作 Ⅳ.①TS275.54

中国版本图书馆CIP数据核字(2015)第257396号

摄影摄像：深圳市金版文化发展股份有限公司
图书统筹：深圳市金版文化发展股份有限公司

责任编辑：卢志林　　　责任印制：王艳丽

中国纺织出版社出版发行
地址：北京市朝阳区百子湾东里A407号楼　邮政编码：100124
销售电话：010－67004422　传真：010－87155801
http://www.c-textilep.com
E-mail:faxing@c-textilep.com
中国纺织出版社天猫旗舰店
官方微博http://weibo.com/2119887771
深圳市雅佳图印刷有限公司印刷　　各地新华书店经销
2016年1月第1版第1次印刷
开本：710×1000　1/16　印张：8
字数：134千字　　定价：39.80元

凡购本书，如有缺页、倒页、脱页，由本社图书营销中心调换